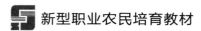 新型职业农民培育教材

U0271910

无公害肉鸡饲养与鸡场经营

张会文　原久丽　裴树泉　主编

中国农业科学技术出版社

图书在版编目（CIP）数据

无公害肉鸡饲养与鸡场经营／张会文，原久丽，裴树泉主编. —北京：中国农业科学技术出版社，2015.9

ISBN 978 - 7 - 5116 - 2231 - 0

Ⅰ.①无…　Ⅱ.①张…②原…③裴…　Ⅲ.①肉鸡 - 饲养管理 - 无污染技术②肉鸡 - 养鸡场 - 经营管理　Ⅳ.①S831

中国版本图书馆 CIP 数据核字（2015）第 188933 号

责任编辑	王更新
责任校对	李向荣

出 版 者	中国农业科学技术出版社
	北京市中关村南大街 12 号　邮编：100081
电 话	（010）82106639（编辑室）　（010）82109702（发行部）
	（010）82109703（读者服务部）
传 真	（010）82107637
网 址	http://www.castp.cn
经 销 者	各地新华书店
印 刷 者	北京富泰印刷有限责任公司
开 本	850mm ×1 168mm　1/32
印 张	5.25
字 数	123 千字
版 次	2015 年 9 月第 1 版　2016 年 7 月第 3 次印刷
定 价	15.00 元

《无公害肉鸡饲养与鸡场经营》
编 委 会

前　言

　　无公害肉鸡是指产地环境、生产过程和产品质量符合无公害食品标准和规范要求，经认证合格获得认证书，并允许使用无公害标志的未经加工或者初加工的肉鸡产品。

　　本书基于养鸡的生产经验，从我国肉鸡产业现状与发展趋势入手，论述了当前肉鸡养殖的问题，介绍了当前肉鸡无公害高效养殖的市场需求及前景、无公害肉鸡的性状及优质品种、无公害肉鸡育雏期饲养管理、无公害肉仔鸡的饲养管理、无公害肉鸡的营养需要和饲料配制、无公害肉鸡高效繁育技术、无公害肉鸡的疾病防治、肉鸡场废弃物处理与利用、无公害肉鸡的环境控制与场舍建设、无公害肉鸡舍的设施和设备、无公害肉鸡鸡场经营管理等方面的知识和技术。

　　本书能够指导没有养殖经验的农户和初学者根据市场需求从事实际生产。适于作为广大肉鸡养殖户和农村技术员的指导用书，也可作为畜牧养殖及动物营养等专业师生参考用书。

编　者

目　　录

第一章 肉鸡无公害高效养殖的市场需求及前景

肉鸡饲养是我国传统的养殖业之一，肉鸡饲养的特点是投资少、周期短和见利快，是广大农村发展高效养殖业、高效农业的首选项目之一。

第一节 肉鸡养殖的市场需求

一、国内需求

无公害养殖业的发展，对无公害种植业有进一步的带动作用。因为只有使用的饲料是无公害种植业生产的，饲养出的动物才能是无公害的。

在生产中使用无公害物质对农业生态环境的保护有好处，对农业的可持续发展有促进作用，也对我国环境保护有利，这将在很大程度上影响我国的政治、经济和人民的生活。

随着我国经济的发展，我国城乡居民已向小康生活水平转变，畜牧业的发展对市场供求关系的转变起了带动作用，禽肉市场实现了从卖方市场向买方市场的转化，从重视数量向重视质量的转化。我国的消费者越来越重视产品的质量，尤其是食品安全问题。为了消费者的权益，使人民的身体健康有保障，鸡肉生产者必须选择发展无公害鸡肉生产，这也是推动肉鸡业生产水平提高，带动产业进一步发展，调整产业结构的必经之路。

二、国际需求

目前，我国是世界第二大禽肉生产国，禽肉产量仅次于美国。目前，禽肉市场已基本饱和，市场上进口的国外产品在不断增加，要持续高速发展我国的肉鸡养殖业，必须扩大出口，要想扩大出口，产品的质量特别是食品的安全水平，要有所提高，要以良好的国际形象做好产品出口工作。

第二节　无公害肉鸡养殖的现状与前景

一、无公害肉鸡养殖的现状

肉鸡饲养技术随着肉鸡业的发展也得到了很大提高，各项经济指标在世界范围内都有很大突破。现代肉鸡饲养业的主要技术措施有：

第一，依靠繁殖与育种、技术的进步，充分利用杂交优势。

第二，鸡舍和内部设备不断革新，创造良好的环境条件。

第三，饲养管理水平要不断提高。

第四，加强饲养营养学的研究（如复合添加剂、全价配合饲料等的应用）。

第五，应用先进的疫病预防控制技术。

在未来 10 年中，预计国际禽肉市场依然被看好，所有市场增长态势基本会稳固增长，就算短期内一些地区家禽疾病会对禽肉市场增长造成影响，但是，从总体上来说，禽肉市场会从疯牛病和口蹄疫的暴发中得益。预计世界禽肉产量和消费在中期依然增长，增长率会比牛肉和猪肉高，禽肉市场的不断发展主要是因为生产的成本低（相对猪肉生产和牛肉生产而言）和在世界许多地方的市场很广阔（这和转向西式饮食习惯与健康观念有关），在许多人均禽肉消费量较低的国家，预计禽肉的消费生产会随着经济情况的改善得到促进。

二、无公害肉鸡养殖的发展前景

目前，我国禽肉在肉类结构中仅占20%，比世界平均水平低8%，人均禽肉占有量10～12千克，与发达国家相比有很大差距。例如，美国人年均消费量50千克以上，鸡肉占肉类的40%；日本人年均消费量40千克以上，鸡肉占肉类的47%。从长远来看，我国经济水平在不断发展，人民生活水平也在不断提高，所以对鸡肉的消费也会不断增加，肉鸡生产的发展空间仍是比较大的。同时，我国也是鸡肉消费增加最快的国家，肉质独特的地方品种鸡占国内消费量的50%，单凭价格优势，国外禽肉不会轻易取代国内产品。还有，进口的禽肉都是冷冻肉，而中国人喜食新鲜禽肉。由于国际消费标准的影响，国内消费者将逐步提高对肉鸡卫生标准的要求，消费者将会更加关注肉鸡产品的质量，尤其是安全卫生问题。如果我们把更多的精力放在肉鸡产品的质量上，尤其是更加重视产品安全性，国产鸡肉在市场上的竞争力会进一步增强。

我国主要的肉鸡产区分布在几个大城市郊区及吉林、河北、山东、河南等少数省、市，在沿海地区进行肉鸡生产会有一定的优势。加入WTO后，关税减让及优惠关税配额的增加，降低了进口玉米和豆粕的价格，也逐步增加了其数量，玉米作为肉鸡饲养的主要饲料，其流通格局发生了变化，国际市场的玉米可直接进口到南方一些需要饲料粮的省、区。这会降低我国南方的大型生产企业的生产成本，再加上南方沿海地区已有的成熟饲料工业和多年积累的出口经验，较之内地对劳动力资源更大的吸引力和鼓励政策等因素，在很大程度上增加了南方沿海地区在肉鸡产品出口方面的竞争力。

我国的肉鸡企业、养殖场，只要劳动生产率不断提高，把主要精力放在提高产品质量特别是食品安全性上，我国鸡肉无论在国内还是国外市场，都会有很强的竞争力，我国的肉鸡业前景必将非常辉煌。

第二章 无公害肉鸡的性状及优质品种

第一节 无公害肉鸡的肉用性状及其遗传特点

一、无公害肉鸡的肉用性状

(一) 体重与增重

体重是家禽的一个重要特征。肉用鸡的早期体重始终是育种最主要的目标。蛋用鸡和种鸡的体重则是衡量生长发育程度及群体均匀度的重要指标。增重则是与体重密切相关的一个重要性状，表示某一年龄段内体重的增量。

1. 体重和增重的遗传力

体重和增重都是高遗传力性状。Chambers（1990）综合了近 100 个研究后，总结得到的体重遗传力平均估计值为：父系半同胞组分估计值为 0.41，母第半同胞估计值为 0.70，全同胞估计值为 0.54，增重的遗传力平均估计值相应为 0.50、0.70 和 0.64。体重的实现遗传力估计值按多世代总选择反应计算时为 0.31，按每代选择反应计算时则为 0.43。

2. 生长曲线

增重是一个连续的过程，在正常情况下表现为体重的 S 形曲线增长。一般用生长曲线来描述体重随年龄的增加而发生的规律性变化。在生长过程的早期，增重主要受体内生长动力的作用，表现为一个指数增长过程，增重速度逐渐加快；当体重达到某一阶段后，增重速度达到最大值，体现在生长曲线上是一个拐点；其后的增重速度逐渐下降，体重变化转变为以成熟体重为极限的渐进增加过程。常用 Gompertz 方程、logistic 方程来作为生长曲线的数学模型。肉用家禽经长期选择，早期生长速度很快，故用 Gompertz 方程拟合生长曲线的精度更高。

3. 早期体重与增重间的相关

在早期增重阶段，不同周龄体重间有很强的正相关。在多数情况下，相邻周龄体重之间甚至间隔 2 周体重之间的遗传相关均可达到 0.9 左右。而间隔 2 周以上时，体重间的遗传相关通常低于 0.9，且间隔时间越长，相关程度一般也变弱，但相对来说仍可达到较高的水平。

体重与增重之间的相关也很高。某一周龄体重与该周龄之前的增重间的相关很高，通常可达 0.9 左右，这是因为体重是以前各阶段增重的累积结果。而某周龄体重与以后增重间的相关则相对减弱，一般只有 0.6 左右，因而用某点体重预测以后增重的准确性相对较低。

（二）体型与骨骼发育

体型和骨骼发育在衡量肉鸡产肉性能和体格结实度方面有重要意义。理想的肉鸡要求胸部宽大，肌肉丰满，体躯宽深，腿部粗壮结实。从外观上看，圆胸已成为肉鸡区别于蛋鸡的重要特征之一，而科尼什品种就是因为首先具备这一特征而得到广泛应用的。

在评定胸部发育状况时，最常用的活体测定指标是胸角度和胸宽。胸角度是用专门胸角器测定的客观数值。但是，在实际育种中，主要依靠少数有经验的熟练技术人员对体形，尤其是对胸部发育状况进行主观评定。这些技术人员不仅能很准确地判别体型方面的差异，而且也能熟练地找出胸部及腿部的一些缺陷。利用胸部测定数据，估计出胸角度和胸宽的遗传力为0.3~0.4。胸宽与胸角度的遗传相关很高，常常可达0.8以上。胸宽和胸角度与体重的遗传相关分别为0.21（0.08~0.82）和0.42（0.21~0.68）。因而对体重的选择可以使肌肉发育有所改进。

体型和骨骼指标还有胸长、龙骨长、躯干长、跖长、腿长、跖部周径、体深等。这些指标的遗传力较高，可达0.4~0.6。而它们与体重的遗传相关高达0.6以上，相互之间的遗传相关也可达到0.6。这些骨骼指标与胸宽的遗传相关较低，一般在0.3以下，有时甚至是负值。表明胸肌发育状况与骨骼的发育相对独立。

龙骨长与跖骨长与产蛋量的遗传相关很小（<0.3），有时为负值。

（三）屠体性能

1. 屠体化学成分

屠体化学成分的遗传力估计值较高。有研究表明，屠体含水量的遗传力为0.38，蛋白质含量为0.47，脂肪含量为0.48，灰分量为0.21，这些成分间的相关也非常高。

屠体化学成分与饲料转化率的相关较高，而与采食量的相关很低。屠体中水分、蛋白质、脂肪、灰分含量与增重的遗传相关分别为 0.32、0.53、-0.39 和 0.14；与采食量的相关分别为 -0.18、-0.06、0.10、-0.17；与耗料增重比的相关分别为 -0.63、-0.80、-0.65 和 -0.40。有研究证明，通过对极低密度脂蛋白、腹脂率或饲料转化率进行选择，可以改变屠体的化学成分。

2. 屠宰率

屠宰率是肉鸡生产中的重要性状，在肉鸡育种中越来越受重视。屠宰率的遗传力估计值在 0.3 左右。随着分割肉鸡的普及，对屠体各分割部分比例的遗传力也有研究。各分割块（胸、腿、翅、颈、背等）占屠体百分率的遗传力估计值一般为 0.3~0.7。做进一步的测定，将肌肉、皮、腹脂和骨分离后，各部分所占百分率的遗传力为 0.4~0.6。总的来看，这些性状的遗传变异比较大，但由于准确测定这些性状比较困难，测定样本不大，影响了这些性状的直接遗传改良。目前，已有一些公司以活体性状间接测定为主、屠宰后直接测定为辅进行选择，使屠宰率和主要部位（胸、腿）比例提高，形成了高产肉率的肉鸡新类型。

3. 屠体缺陷

肉鸡屠体的主要缺陷有龙骨弯曲、胸部囊肿和绿肌病。这些缺陷对屠体价值的影响很大，如发生率高会造成较大经济损失。这些缺陷与饲养管理因素和遗传因素都有关。随着肉鸡早期生长速度的不断提高，这些缺陷的发生率有随之提高的趋势，但通过适当的管理措施，有可能阻止这一发展趋势。有育种公司通过育种措施彻底去除肉鸡的龙骨突起，从而基本上克服了胸部囊肿。

4. 腹脂率

腹脂过量是当今肉鸡和肉鸭生产中面临的重要问题之一。腹脂率的遗传力很高，一般为 0.54～0.8。因此，直接选择可以迅速获得显著的遗传改良。据研究，通过 7 代选择后，腹脂率产生了 4 倍差异。

据估计，腹脂量和腹脂率与体重有 0.3～0.5 的遗传相关。腹脂量和腹脂率与耗料量之间为正相关，为 0.4 和 0.25 左右，而与耗料增重比的相关分别为 -0.62 和 -0.69。

二、生理性状

（一）生活力

生存与健康是进行高效生产的基础，而死亡率高一直是困扰养鸡生产顺利发展的主要因素。因此，提高鸡的生活力不但要使鸡生存，而且应使之保持良好的健康状态。表现成活率（育雏育成期和产蛋期）受环境因素（广义，指除遗传成分以外的所有因素，包括免疫接种）的影响非常强烈，其遗传力估计值几乎没有超过 0.10 的。因此，单纯对成活率进行选择很难收到确实的效果。这方面的研究主要集中在如何提高遗传抗病力。选择抗病力的方法如下。

（1）将育种群个体的同胞或后裔暴露在疾病感染环境中，使个体的抗病力充分表现出来，进行同胞选择或后裔测定　选择效果较好，但费用很高，而且需要专门的鸡场和隔离设施，以防疾病传播。在马立克氏病疫苗研制成功以前，育种公司常用此法来提高对马立克氏病的抗病力。

（2）观察育种群的死亡率及病因，通过遗传分析找出死亡低的家系，进行家系选择　此时的死亡多为环境因素造成由于遗传抗病力并未充分表现，因此，选择效果并不理想。

（3）利用与抗病力有关的标记基因或性状对抗病力进行间接选择　其费用比前一种方法低很多，效果较好，是目前较常采用的方法。因此，在育种群中淘汰易感类型的个体，提高抗性类型的比例，则可在一定程度上改善鸡的遗传抗病力。

目前，对鸡生活力的提高趋向于采取综合措施。由于兽医防疫研究的进展，已针对主要的烈性传染病研制出有效的疫苗及相应的免疫程序，使主要传染性疾病得到有效的控制。而淋巴白血病、鸡白痢、支原体病已在育种群中彻底或基本彻底地净化。因此，在目前的育种计划中，很少再有专门针对特定疾病的抗病力育种，而转向对一般抗病力的选育，使鸡增加对多种疾病的普遍抵抗力。主要措施有提高某些（如 B_2）MHC 类型的比例，并增强对多种疫苗应答能力，使鸡在免疫扫种后迅速地建立起较高的抗体水平，增强抵抗疾病感染的免疫力。

（二）受精率和孵化率

受精率和孵化率是决定种鸡繁殖效率的主要因素。这两个性状从本质上讲主要受外界环境条件的影响，但也有遗传因素在起作用。

1. 孵化率

孵化率受孵化条件和种蛋质量的强烈影响。据估计，入孵蛋孵化率和受精蛋孵化率的平均遗传力为 0.09 和 0.14，所以，要想通过选择在遗传上改进孵化率很困难。

2. 受精率

受精率受公鸡的精液品质、性行为、精液处置方法和时间、授精方法和技巧、母鸡生殖道内环境等因素的影响。因此，受精率不能单纯被视作公鸡的性状，而是一个综合的性状。其遗传力很低，不到0.10。一般可通过家系选择，对受精率作适当选择提高或保持在较高水平上。据研究，精液量、精子密度的遗传力较低，而精子活力的遗传力要高1倍，有可能通过选择迅速提高。

受精率和孵化率受群体遗传结构的强烈影响，近交衰退十分严重，这与有害基因的暴露、染色体畸变等有关。所以，在作闭锁群继代选育时，随着群内遗传纯合性的增加、近交程度的上升，纯系受精率和孵化率有下降的可能。在育种实践中一般通过淘汰表现差的家系，来保持受精率和孵化率的稳定。

（三）饲料转化率

饲料转化率也称为饲料利用率，是指利用饲料转化为产蛋总重或活重的效率。在蛋用时特称为料蛋比，为某一年龄段饲料消耗量与产蛋总重之比；在肉用时特称为耗料增重比，为在某一年龄段内饲料消耗量与增重之比。由于饲料成本占养禽生产总成本的60% ~ 70%，因此，饲料转化率与养鸡生产的经济效益密切相关。

1. 肉用鸡的饲料转化率

肉鸡饲料转化率的遗传力较高，理论估计值均在0.4左右，但实现遗传力平均只有0.25。耗料增重比与增重的遗传相关为0.50，与耗料量的相关为0.22。因此，在肉鸡育种实践中主要也是利用选择提高早期增重速度来间接改进饲料转化率。

2. 蛋用鸡的饲料转化率

料蛋比本身的遗传力为中等，平均在0.3左右，范围为0.16 ~ 0.52。因此，直接选择即可获得一定的选择反应。由于料蛋比本身是由耗料量与产蛋总重两个性状确定的，而产蛋总重始终是蛋鸡育种的首要选育性状。因此，在长期育种实践中，料蛋比一直是作为产蛋总重的相关性状而获得间接选择反应，使料蛋比得到一定的遗传改进。

第二节　主要肉鸡品种及生产性能

现代肉鸡生产起源于美国，后传到世界各地，因此，美国肉鸡品种的发展历史具有代表性。育种者大都单独培养父系和母系，例如，父系用白色科尼什，母系用白洛克。父系特别重视生长速度，母系要求兼顾产蛋量高，通过双杂交来生产具有强大杂交优势的商品肉用仔鸡。

近年来，引入我国的肉鸡品种多为国外一些著名的家禽育种公司培育的一些杂交配套鸡种，其共同的特点是早期生长速度快、体重大，一般商品鸡6周龄平均体重在2千克以上，所以又称快大型肉鸡。快大型肉鸡大都是采用四系配套杂交进行制种生产的。大部分鸡种为白色羽毛，而黄或红色羽毛较少。目前，中国白羽肉鸡市场几乎被国外肉鸡品牌所垄断。例如国外的两大肉鸡品牌爱拔益加和罗斯308，已在我国占有3/4的市场份额，科宝、艾维茵等也同样占有一定的市场份额。以下主要就白羽肉鸡品种进行介绍。

一、海布罗肉鸡

海布罗肉鸡是由荷兰尤布里德公司培育的四系配套白羽肉鸡。

（一）品种特性

该品种为白色快大型肉用种鸡，体型硕大，白色羽毛，单冠，胸肌发达，眼大有神，腿粗有力，早期生长速度快。

（二）生产性

该品种鸡生产性能稳定，死亡率较低，但对寒冷气候适应性稍差。

（1）父母代 种鸡 20 周龄母鸡体重 2.23 千克，公鸡 3.05 千克；65 周龄母鸡体重 3.68 千克，公鸡 4.97 千克。65 周龄入舍母鸡产蛋 185 个，入舍母鸡产种蛋数 178 个，平均入孵蛋孵化率 83%，入舍母鸡产雏鸡数 148 只。

（2）商品代 生长速度快，28 日龄体重 1.26 千克，料肉比 1.45；6 周龄和 7 周龄平均体重分别为 2.42 千克和 2.97 千克，料肉比分别为 1.74：1 和 1.85：1。

二、彼得逊肉鸡

彼得逊肉鸡为美国彼得逊国际育种公司培育的四系配套杂交白羽肉鸡。

（一）品种特性

该品种具有高速均匀生长的特性，健壮易养，腿肢强健，屠体品质优秀，腹脂含量低，胸腿肉比例高，可获得较高经济效益。其父母代和商品代可根据羽速自别雌雄。

（二）生产性能

具有生长快、长肉多、肉质好，饲料转化率高，抗病力强，成活率高，屠宰率高，胸肉、腿肉发达等特点。

（1）父母代 母鸡 25 周龄体重达 2.72 千克，64 周龄达 3.46 千克，而公鸡 64 周龄达 4.58 千克。母鸡 25 周龄开产，35 周龄达产蛋高峰，高峰产蛋率 85%。入舍母鸡产合格种蛋 166 枚，入孵蛋平均孵化率 86.24%，入舍鸡提供幼雏 143 只。

（2）商品代 肉仔鸡一般 7 周龄达 2.50 千克，料肉比

1.86∶1；8 周龄达 2.97 千克，料肉比 2.04∶1。

三、科尼什肉鸡

科尼什肉鸡原产于英国康瓦耳，现有的科尼什肉鸡分红色和白色两种。

（一）品种特性

该品种鸡白色羽为显性，典型快速肉用型鸡，在配套系中作父系用。该品种为豆冠，喙、胫、皮肤为黄色，羽毛紧密，体质坚实，肩、胸宽。

（二）生产性能

该肉鸡生产性能好，胸阔而深，胸、腿肌肉发达。

（1）父母代　生长快，长羽速成年公鸡体重 4.5～5.0 千克，母鸡 3.5～4.0 千克。年产蛋 100～120 个，蛋重 54～57 克，蛋壳褐色。与白洛克或我国兼用型鸡杂交效果良好。

（2）商品代　雏鸡早期生长快，8 周龄体重 1.5 千克以上，料肉比约 2.5∶1。

四、艾维茵肉鸡

艾维茵肉鸡是由美国艾维茵国际有限公司培育的三系配套白羽肉鸡品种。

（一）品种特性

羽毛为白色，体型饱满，胸宽、腿短、皮肤黄色而光滑。

（二）生产性能

与爱拔益加肉鸡相似，肉仔鸡生长速度比较快，饲料转化率高，适应性强。在全国推广效果良好，是目前在国内饲养量最大的肉鸡品种。

（1）父母代　入舍母鸡产蛋 5% 时，成活率不低于 95%，产蛋期死淘率不高于 10%；高峰期产蛋率 86.9%，41 周龄可产蛋 187 枚，产种蛋数 177 枚，入舍母鸡产健雏数 154 只，入孵种蛋最高孵化率 91% 以上。

（2）商品代　公、母鸡混养，49 日龄成活率可达以上，体重 2.61 千克，料肉比 1.89∶1。

五、罗曼肉鸡

罗曼肉鸡是由德国罗曼动物育种公司育成的四系配套白羽肉鸡。具有较高的生产性能，是肉鸡良种的后起之秀。

（一）品种特性

该肉鸡体型较大，商品代肉用仔鸡羽毛白色，幼龄时期生长速度快，饲料转化率高，适应性强，产肉性能好。

（二）生产性能

（1）父母代　6 周龄和 7 周龄平均体重分别为 0.93 千克和 1.10 千克。产蛋高峰为 30 周龄，高峰产蛋率 83%。63 周龄入舍母鸡产蛋 164 个，产种蛋 154 个，出雏量累计达 131 只。

（2）商品代　6 周龄和 7 周龄平均体重分别为 1.65 千克和 2.00 千克，料肉比分别为 1.90∶1 和 2.05∶1。

六、科宝 500 肉鸡

科宝 500 肉鸡是美国泰臣食品国际家禽育种公司培育的白羽肉鸡，在我国广东省和河南省有一定的饲养规模。

（一）品种特性

体型大，胸深背阔，全身白羽，鸡头大小适中，单冠直立，冠髯鲜红，脚高而粗。

（二）生产性能

具有生长快、均匀度好的特点，其肌肉丰满，肉质鲜美。

（1）父母代　24周龄开产，体重2 700克，30～32周龄达到产蛋高峰，产蛋率86%～87%，66周龄产蛋量175枚，全期种蛋受精率87%。

（2）商品代　40～45日龄上市，体重达2千克以上，料肉比1.9：1，全期成活率97.5%，屠宰率高，胸腿肌率34.5%以上。

七、星布罗肉鸡

星布罗肉鸡是由加拿大雪佛公司培育的肉用鸡种，为世界上优良的白羽商业化杂交肉用鸡种之一。

（一）品种特性

羽毛白色，耳叶红色，喙、胫、趾和皮肤黄色。父本A、B两系为豆冠或单冠，羽毛紧密；母本C、D两系为单冠，羽毛蓬松。

（二）生产性能

生长快，饲料利用率高，生活力强。

（1）父母代　一般64周龄产蛋量140～170个，平均蛋重62克左右，蛋壳褐色。

（2）商品代　公、母鸡混养，41日龄体重达1.6千克，49日龄1.9千克，56日龄2.3千克。8周龄料肉比2.04：1。

八、明星肉鸡

明星肉鸡是由法国伊莎育种公司培育的四系配套白羽肉鸡

鸡种。

（一）品种特性

具有体型小、耗料少，胸肉多、脂肪低、皮薄、骨细、肉味美、性情温驯、适应性强、易管理等特性，且饲养密度较高。

（二）生产性能

（1）父母代　体重 22 周龄 1.86 千克，40 周龄 2.4 千克。入舍母鸡至 64 周龄产蛋总数平均 166.4 枚，产种蛋数 156.5 枚，提供肉用仔鸡数 132.5 只。产蛋 40 周龄平均蛋重 63.5 克。母鸡 22 周龄产蛋率 50%，产蛋高峰期的产蛋率 80.7%。母鸡 29 周龄时，入孵蛋平均孵化率 84.6%。

（2）商品代　6 周龄和 7 周龄平均体重分别为 1.56 千克和 1.95 千克，料肉比分别为 1.80∶1 和 1.95∶1。

九、罗斯 308 肉鸡

罗斯 308 肉鸡是英国罗斯家禽育种公司培育的四系配套优良白羽肉鸡品种。从白洛克（或白温多得）中选育出来，是世界著名的肉鸡配套系品种。

（一）品种特性

外貌特征与许多快大肉鸡配套系的母本甚为相似。该鸡全身羽毛均为白色，体形呈丰满的元宝形；单冠，冠叶较小，冠、脸、肉垂与耳叶均为鲜红色；皮肤与胫部为黄色，眼睛虹膜为褐（黑）色。

（二）生产性能

具有生长速度快、抗病力强、体型紧凑、胸肌发达等优点，经济效益较高。

（1）父母代　种鸡开产早，育成成本低。可节约饲料、降低成本、缩短育成期、提高育成舍利用率。产蛋性能好，66周龄入舍母鸡产蛋总数186枚，其中，合格种蛋数177枚，醇化率高，全期平均孵化率86%，累计生产健雏149只。适应能力强，无论采取平养、两高一低或笼养都能达到非常理想的生产性能。

（2）商品代　可混养，也可通过羽速自别雌雄。把公、母鸡分开饲养，出栏均匀度好，成品率高、增重快。6周龄和7周龄平均体重分别为2.105千克和2.625千克，料肉比分别为1.79∶1和1.91∶1，出肉率高。

十、哈伯德肉鸡

哈伯德肉鸡是美国哈伯德家禽育种有限公司（目前，该公司已经被法国伊莎公司兼并）培育的四系配套白羽肉鸡品种，在我国已被推广饲养。

（一）品种特性

宽胸、白羽毛、白蛋壳，商品鸡可羽速自别雌雄，有利于分群饲养。

（二）生产性能

具有生长速度快、抗病能力强、胴体屠宰率高、肉质好、饲料报酬高、饲养周期短等特点。

（1）父母代　20周龄时体重达2.10～2.25千克，60周龄达3.70～4.00千克。60周龄入舍母鸡产蛋数166～171枚，产种蛋数157～163枚，可得雏鸡数138～143只，平均孵化率86%～88%。

（2）商品代　6周龄和7周龄平均体重分别为1.30千克和2.77千克，料肉比分别为1.82∶1和1.96∶1。

十一、爱拔益加肉鸡

爱拔益加肉鸡也称 AA 肉鸡，是由美国爱拔益加家禽育种公司育成的四系配套白羽肉鸡。该鸡种在世界肉鸡品种中占有重要的地位。

（一）品种特性

爱拔益加肉鸡羽毛为纯白色，体型大，胸宽腿粗，肌肉发达，尾羽短，皮肤和脚为黄色。

（二）生产性能

爱拔益加肉鸡的适应性和抗病力很强，生长发育速度快，饲养周期短，饲料利用率高。该鸡在我国的饲养量很大，几乎遍布全国各地。

（1）父母代　全群平均成活率90%，入舍母鸡66周龄产蛋数193枚、产种蛋数185枚，产健雏数159只，种蛋受精率入孵种蛋平均孵化率80%，36周龄蛋重63克。

（2）商品代　公、母鸡混养，42日龄平均体重2.03～2.15千克，成活率%.5%，料肉比1.73，胸肉产肉率16.1%；49日龄平均体重2.52～2.68千克，成活率95.8%，料肉比1.91：1，胸肉产肉率16.8%。

（三）白洛克肉鸡

白洛克肉鸡原产于美国，主要作肉鸡配套杂交母系用，其商品肉鸡增重快。

（四）品种特性

该品种鸡单冠，冠、肉垂与耳叶均为红色，喙、胫和皮肤均为黄色，全身白羽。

（五）生产性能

该品种早期生长速度快，胸、腿肌肉发达。

（1）父母代　成年体重公鸡4.0~4.5千克、母鸡3.0~3.5千克，年产蛋150~160个，蛋重60克左右，蛋壳呈褐色。

（2）商品代　8~10周龄体重达1.5~2.5千克，料肉比2.0~2.5∶1，是国内外较理想的肉鸡。

第三章　无公害肉鸡育雏期饲养管理

健康优良的品种、营养完善的配合饲料、条件适宜的鸡舍环境、先进的机械化设备和严格的防疫措施，是构成现代化养鸡生产的基本条件。养鸡生产的任务就是运用现代的饲养管理技术，结合当地的具体条件，培育出优质健康、生长发育整齐的高产鸡群，使优良鸡种的遗传潜力得到充分发挥，从而创造更高的经济效益。

鸡的生产目的不同，饲养管理的要求也不同。因此，生产中必须依据鸡的不同生理特点、生产要求，进行科学的饲养管理。0～6周龄的小鸡称雏鸡。雏鸡的饲养也叫育雏。育雏是肉鸡生产中重要的一环，育雏工作的好坏不仅直接关系着雏鸡整个培育期的正常生长发育，也影响到产蛋期生产性能的发挥，对种鸡则会影响种用价值。

第一节　雏鸡的生理特点

一、幼雏体温较低，体温调节机能不完善

初生雏的体温较成年鸡低2～3℃，4日龄开始慢慢上升，到10日龄时达到成年鸡体温，到3周龄左右，体温调节机能逐渐趋于完善，7～8周龄以后才具有适应外界环境温度变化的能力。幼雏绒毛稀短，皮薄，早期自身难以御寒。因此，育雏期，

尤其是早期，要注意保温防寒。

二、雏鸡生长迅速，代谢旺盛

肉用雏 2 周龄体重约为初生时的 2 倍，6 周龄为 10 倍，8 周龄为 15 倍；肉仔鸡生长更快，相应为 4 倍、32 倍及 50 倍。以后随日龄增长而逐渐减慢生长速度。雏鸡代谢旺盛，心跳快，每分钟脉搏可达 250~350 次，刚出壳时可达 560 次/分钟，安静时单位体重耗氧量比家畜高 1 倍以上，雏鸡每小时单位体重的热产量为 5.5 卡/克体重，为成鸡的 2 倍，所以，既要保证雏鸡的营养需要，又要保证良好的空气质量。

三、幼雏羽毛生长快、更换勤

雏鸡 3 周龄时羽毛为体重的 4%，4 周龄时为 7%，以后大致不变。从出壳到 20 周龄，鸡要更换 4 次羽毛，分别在 4~5 周龄、7~8 周龄、12~13 周龄和 18~20 周龄。羽毛中蛋白质含量高达 80%~82%，为肉、蛋的 4~5 倍。因此，雏鸡日粮的蛋白质（尤其是含硫氨基酸）水平要高。

四、消化系统发育不健全

幼雏胃肠容积小，进食量有限，消化腺也不发达（缺乏某些消化酶），肌胃研磨能力差，消化力弱。因此，要注意喂给纤维含量低、易消化的饮料，并且要少喂勤添。

五、抵抗力弱，敏感性强

雏鸡免疫机能较差，约 10 日龄才开始产生自身抗体，产生的抗体较少，出壳后母源抗体也日渐衰减，3 周龄左右母源抗体降至最低，故 10~21 日龄为危险期，雏鸡对各种疾病和不良环境的抵抗力弱，对饲料中各种营养物质缺乏或有毒药物的过量反应敏感。所以，要做好疫苗接种和药物防病工作，搞好环境净化，保证饲料营养全面，投药均匀适量。

六、雏鸡易受惊吓，缺乏自卫能力

各种异常声响以及新奇的颜色都会引起雏鸡骚乱不安，因此，育雏环境要安静，并有防止兽害设施。

第二节　育雏前的准备

一、育雏季节的选择

在现代化大规模的鸡场，一般都采取密闭鸡舍育雏，由于密闭式鸡舍具有较好的控温通风设备，受季节性的影响很小，不需要选择育雏季节，因此，可根据鸡舍周转情况，实行全年育雏。

而中小型养鸡场和农村养鸡专业户，由于设备条件的限制，多数采用开放式鸡舍育雏，由于开放式鸡舍不能完全控制外界环境条件，使得育雏季节直接影响雏鸡的成活率、成年鸡的开产时间和产蛋量。所以，选择适宜的育雏季节是育雏前准备的一个重要方面。

二、育雏舍及设备的清洗消毒

（一）育雏舍

育雏舍应做到保温良好，不透风，不漏雨，不潮湿，无鼠害。通风设备运转良好，所有通风口设置防兽害的铁网。舍内照明分布要合理，上下水正常，不能有堵漏现象。供温系统要正常，平养时要备好垫料。进雏前两周必须对育雏舍彻底清扫地面、墙壁和天花板，然后洗刷地面、鸡笼和用具等。待晾干后，用2%的火碱喷洒，最后用高锰酸钾和福尔马林熏蒸消毒。

（二）器具

除育雏设备外，主要的育雏用具有饮具和食具。要求其数量充足，保证使每只鸡都能同时进食和饮水；同时器具大小要适当，也可根据雏鸡日龄大小及时更换，使之与鸡相匹配；器具结构要合理，以减少饲料浪费，避免饲料和饮水被粪便和垫草污染。要注意的是所有器具在使用前都必须进行冲洗和消毒。

（1）冲洗　冲洗前先关掉电源，将不防水灯头用塑料布包严，然后用高压水龙头冲洗舍内所有的表面（地面、四壁、屋顶、门窗等）、鸡笼、各种用具（如饮水器、盛料器、盛粪盘等）以及鸡舍周围，直到肉眼看不见污物。冲洗后每平方厘米地面仍残留数万到数百万细菌。

（2）干燥　冲洗后充分干燥可增强消毒效果，细菌数可减少到每平方厘米数千到数万个，同时可避免使消毒药浓度变稀而降低灭菌效果。对铁质的平网、围栏与料槽等，晾干后便于用火焰喷枪灼烧。

（3）药物　消毒消毒时将所有门窗关闭，以便门窗表面能喷上消毒液。选用广谱、高效、稳定性好的消毒剂，如用0.1%新洁尔灭、0.3%～0.5%过氧乙酸、0.2%次氯酸等喷雾鸡笼、墙壁，用1%～3%烧碱或10%～20%石灰水泼洒地面，用0.1%新洁尔灭或0.1%百毒杀浸泡塑料盛料器与饮水器。鸡舍周围也要进行药物消毒。

（4）熏蒸　熏蒸前将舍内密封好，放回所有育雏所用器具，地面平养的需铺上10～15厘米的垫料，按每立方米空间用40%

甲醛液 18 毫升和高锰酸钾 9 克，密闭 24 小时。若舍温在 15 ~ 20℃，相对湿度在 60% ~ 80% 时熏蒸效果最好，无垫料地面可适当喷水熏蒸。

经上述消毒过程后，有条件的可进行舍内采样细菌培养，要求灭菌率达到 99% 以上，否则再重复进行药物消毒—干燥—甲醛熏蒸过程。消毒后的鸡舍，应空闲 1 ~ 2 周方可使用。值得重视的是，消毒过程一定要切实可靠，不能忽略或流于形式。

三、饲料、垫料及药品的准备

育雏前要按雏鸡日粮配方准备足够的饲料，特别是各种添加剂、矿物质、维生素和动物蛋白质饲料。常用的药品有消毒药、疫苗、抗生素等，必须适当准备一些。常用疫苗有新城疫苗（冻干苗和油苗）、传染性法氏囊炎中毒苗和弱毒苗、传支疫苗（H_52 和 H_120）及抗白痢药、球虫病和抗应激药物（如电解质液和多维）等。要根据当地及场内设病情况进行准备；垫料也必须按照要求备足。

四、育雏舍预热试温

育雏舍在进雏前 1 ~ 2 天应进行预热试温。预热试温的主要目的是使进雏时的温度相对稳定，同时也检验供温设施是否完备，这在冬季育雏时特别重要。预热也能够使舍内残留的福尔马林逸出。

第三节　雏鸡的饲养技术

一、雏鸡的饮水

先饮水后开食是育雏的基本原则之一。据研究，出雏 24 小时后雏鸡消耗体内水分8%，48小时耗水15%，所以，一定要在雏鸡充分饮水1~2小时后再开食。因为雏鸡出壳后体内还有一部分卵黄没有被充分吸收，对雏鸡的生长还有作用，及时饮水有利于卵黄的吸收和胎粪排出，也有利于增进食欲。另外，在运输过程和育雏室的高温环境中，雏鸡体内的水代谢和呼吸的散发都需要大量水分，饮水可有助于体力的恢复。因此，育雏时，必须重视初饮，使每只鸡都能喝上水。

育雏第1周最好饮用温水（水温最低要求18℃）。饮水时，可在水中适当加入维生素、葡萄糖，以促进和保证鸡的健康生长。特别是经过长途运输的雏鸡，饮水中加糖和维生素C可明显提高成活率。另外，在水中添加抗生素可预防白痢等病的发生。

在育雏初期，特别是前3天，为使雏鸡充分饮水，应有足够的光照。断水会使雏鸡干渴，因抢水而发生挤压，造成损伤。所以，在整个育雏期内，要保证全天供水。雏鸡的饮水量见表3-1。

表3-1　每百只不同周龄小母鸡在不同气温下的需水量

周龄	饮水量/升		周龄	饮水量/升	
	≤21.2℃	≤32.2℃		≤21.2℃	≤32.2℃
1	2.27	3.30	7	8.52	14.69
2	3.97	6.81	8	9.20	15.90
3	5.22	9.01	9	10.22	17.60
4	6.13	12.60	10	10.67	18.62
5	7.04	12.11	11	11.12	19.61
6	7.72	13.22	12	11.36	20.55

随着雏鸡日龄的增加，要更换饮水器的大小和型号。数量

上必须满足雏鸡的需要。使用水槽时，每只雏鸡要有 2 厘米的槽位，小型饮水器应保证 50 只雏鸡一个，且要定期进行清洗和消毒。

二、雏鸡饲喂

(一) 雏鸡开食时间

雏鸡的第一次喂饲称开食。开食要适时，开食过早，因初生雏鸡消化器官尚未发育完全而易使健康受损，过晚开食则因雏鸡不能及时得到营养而虚弱，影响以后的生长发育和成活。实验发现，在雏鸡出壳后 24～36 小时开食死亡率最低。实际饲养中，饮水 2 小时后当有 60%～70% 的雏鸡可随意走动并有琢食行为时即可开食（表 3－2）。

表 3－2　不同开食时间对雏鸡增重的影响

雏鸡体重/克	开食时间＼小时					
	出壳后12 小时	出壳后24 小时	出壳后48 小时	出壳后	出壳后96 小时	出壳后120 小时
开食时体重	39.7	40.9	40	39.2	38	34.5
2 周龄体重	84.6	95.6	89.6	75.6	69.6	67.2

(二) 开食及饲料

开食料应以优质颗粒配合饲料为宜，开食时，为使雏鸡较易发现饲料，应增大光照强度。开食盘必须和饮水器间隔并均匀放置，以保证每只鸡都可以采食到饲料。平面育雏时，在开始的几天最好把饮水器、开食盘放置于热源附近，以便于雏鸡取暖、采食和饮水。开食 3 天以后应用料桶代替开食盘，以防止粪便对饲料的污染。用料桶代替开食盘时必须逐渐进行，以免个别鸡只找不到饲料而影响其正常采食。为防治雏鸡白痢的发生，可在料中拌入药物，如0.2%土霉素（切记要混合均匀）。喂料应做到少喂勤添，促进鸡的食欲1~2周每天喂5~6次，3~4周每天喂4~5次，5周以后每天喂3~4次。关于雏鸡饲料喂量，不同品种有不同要求，并且饲喂量也与饲料的营养水平有关，应根据本品种的体重要求和鸡群的实际体重来调整饲喂量。

第四节　雏鸡的管理技术

一、做好日常管理

育雏是一项细致的工作，除了抓好上述的饲养管理措施外，还需做好以下日常管理工作。

（一）观察鸡群

只有对雏鸡的一切变化情况了解，才能及时分析起因，采取对应的措施，改善管理，以便提高育雏成活率，减少损失。

1. 观察鸡群的采食饮水情况

通过对鸡群给料反应、采食的速度、争抢的程度以及饮水情况等方面进行观察，了解雏鸡的健康状况。如发现采食量突然减少，可能是由于饲料质量的下降、饲料品种或喂料方法突然改变、饲料腐败变质或有异味、育雏温度不正常、饮水不充足、饲料中长期缺乏砂砾或鸡群发生疾病；如鸡群饮水过量，常常是因为育雏温度过高，育雏室相对湿度过低，或者鸡群发生球虫病、传染性法氏囊炎等，也可能是饲料中使用了劣质咸鱼粉，使饲料中食盐含量过高所致。这时应及时查找原因，以免造成大的损失。

2. 观察雏鸡的精神状况

及时剔除鸡群中的病、弱雏，把其单独饲养或淘汰。病、弱雏常表现为离群闭眼呆立、羽毛蓬松不洁、翅膀下垂、呼吸有声等。

3. 观察雏鸡的粪便情况

看粪便的颜色、形状是否正常，以便判定鸡群是否健康或饲料的质量是否发生变化。雏鸡正常的粪便是：刚出壳、尚未采食的雏鸡排出的胎粪为白色或深绿色稀薄液体，采食后便排圆柱形或条形的表面常有白色尿酸盐沉积的棕绿色粪便。有时早晨单独排出的盲肠内粪便呈黄棕色糊状，这也属于正常粪便。病理状态下的粪便有以下几种情况：发生传染病时，雏鸡排出黄白色、黄绿色附有黏液、血液等的恶臭稀便；发生鸡白痢时，粪便中尿酸盐成分增加，排出白色糊状或石灰浆样的稀便；发生肠炎、球虫病时排棕红色的血便。

4. 观察鸡群的行为

观察鸡群有没有恶癖如啄羽、啄肛、啄趾及其他异食现象，检查有无瘫鸡、软脚鸡等，以便及时判断日粮中的营养是否平衡等。

（二）定期称重

为了掌握雏鸡的发育情况，应定期随机抽测 5% ~ 10% 的雏鸡体重，与本品种标准体重比较，如果有明显差别时，应及时修订饲养管理措施。

（三）适时断喙

由于鸡的上喙有一个小弯弧，这样在采食时容易把饲料刨到槽外，造成饲料浪费。另外，若育雏温度过高、鸡舍内通风换气不良、鸡饲料营养成分不平衡、鸡群密度过大、光照过强等，都会引起鸡只之间相互啄羽、啄肛、啄趾或啄裸露部分而形成啄癖。啄癖一旦发生，鸡群会骚动不安，死淘率明显上升。为减少啄癖的发生及危害、减少饲料浪费，在现代养鸡生产中，必须断喙。

断喙适宜时间为 1 日龄、7～10 日龄，这时雏鸡耐受力比初生雏要强得多，体重不大，便于操作。此外，育成阶段的 7～8 周龄、10～14 周龄还需断喙一次。断喙使用的工具最好是专用断喙器。如没有断喙器，也可用电烙铁或烧烫的刀片切烙。

断喙器的工作温度按鸡的大小、喙的坚硬程度调整，7～10 日龄的雏鸡，刀片温度达到 700℃较适宜（表 3 - 3）。这时，可见刀片中间部分发出樱桃红色，这样的温度可及时止血、消毒。

表 3 - 3　断喙温度与时间　　　　　　　　　单位：s

温度	1 日龄	6～10 日龄		7～8 周龄	10～14 周龄
		永久性	非永久性		
700℃	2.5	2.5	1	1	1
850℃	2	1.5	0.75	0.5	0.5

断喙方法：左手握住雏鸡，右手拇指与食指压住鸡头，将喙插入刀孔，切去上喙 1/2，下喙 1/3，做到上短下长，切后在刀片上灼烙 2～3 秒，以利止血。

断喙时应注意的问题：避开免疫时间以及鸡群生病时间；断喙的同时避免其他的应激；同时，在断喙后全天供给含维生素 K_3 的饮水（在每 10 升水中添加 1 克维生素 K_3）防止出血，或在断喙前后 3 天料内添加维生素 K_3，每千克料约加 2 毫克；调节好刀片的温度，熟练掌握烧灼的时间，防止烧灼不到位引起流血；断喙后食槽内要多加些料，饲料厚度不要少于 3～4 厘米，以免鸡采食时碰到硬的槽底有痛感而影响吃料。种用的小公鸡可以不断喙。

（四）及时分群

通过称重可以了解鸡群的整齐度情况。鸡群整齐度即用平均体重±10%范围内的鸡只数量占全群鸡数量的百分比来表示。整齐度小于70%时应按体重大小分群饲养。

二、搞好卫生防疫

育雏要实行全进全出。这样可避免鸡只间的交叉感染，也为饲养管理带来了方便。育雏结束，鸡转出舍后要对育雏舍进行彻底消毒，并空舍2～3周，以切断病原菌循环感染的机会；要制定严格的消毒制度，育雏期间必须定期对育雏舍和周围环境进行消毒，消毒时，必须两种以上化学成分不同的消毒剂轮换使用，以避免病菌产生耐药性而降低消毒效果；要搞好饮水卫生，定期清洗饮水器具并消毒，消毒时，可把浓度为0.5%的高锰酸钾溶液注入清洗以后的饮水器让鸡饮用即可，这样既可以消毒饮水器，也能对鸡肠道起到消毒作用；要搞好疫病的预防工作，防疫必须按照防疫程序认真执行，注意的问题是防疫不能和消毒同时进行，否则防疫效果会降低。

三、做好日常记录

为了总结经验，搞好下批次的育雏工作，每批次育雏都要认真记录，在育雏结束后，系统分析，记录主要项目有温度、湿度、光照时数与通风换气情况；鸡的存栏只数、死亡淘汰数及其原因；饲料的饲喂量与鸡的采食、饮水情况；免疫接种、投药等。

第四章　无公害肉用仔鸡的饲养管理

第一节　无公害肉用仔鸡的生产特点

一、早期生长速度快，饲料利用率高

一般肉用仔鸡出壳时体重仅有 40 克左右，在良好的饲养管理条件下，经 7~8 周体重可达 2 500 克以上，是出生重的 60 多倍。由于肉用仔鸡生长速度快，所以饲料利用率较高。一般在饲养管理条件较好的情况下，饲料转化率可达 2∶1，高者可达到（1.72~1.95）∶1，明显高于肉牛、肉猪。

二、饲养周期短、资金周转快

肉仔鸡一般 8 周龄左右达上市标准体重。国外可在 6~7 周龄出场上市。出场后，打扫、清洁、消毒鸡舍用 2 周时间，然后进下一批鸡。9~10 周一批，一年可生产 5~6 批。如一间能容纳 2 000 只的鸡舍，一年能生产 1 万只肉用仔鸡。因此，大大提高了鸡舍和设备利用效率，投入的资金周转快，可在短期内受益。

三、饲养密度大，劳动效率高

肉用仔鸡性情安静，体质强健，大群饲养很少出现打斗现

象，具有良好的群居习性，适于大群高密度饲养。为了获得最大的经济效益，可将上万只甚至几万只鸡组为一群进行饲养。在一般的厚垫料平养条件下，每平方米可饲养 12 只左右。在机械化、自动化程度较高的情况下，每个劳动力一个饲养周期内可饲养 1.5 万～2.5 万只，年均可达到 10 万只水平，大大提高了劳动效率。

四、屠宰率高，肉质嫩

由于生长期短，肉用仔鸡肉质较嫩，易于加工。鸡肉中蛋白质含量较高，脂肪含量适中，是人们较佳的肉食品之一。

第二节 无公害肉用仔鸡的饲养方式

一、厚垫料平养

厚垫料平养就是将肉用仔鸡饲养在铺有厚垫草的地面上。根据房舍条件，舍内地面可采用水泥地面、砖地面、泥土地面等。所用垫料一般是吸水性强、不霉变的稻草、麦秸、玉米芯、刨花、锯末等，稻草和麦秸应铡成 3～5 厘米长。垫料厚度一般为 10～12 厘米。垫料铺好后将饮水器和食盘等用具挂在保温伞周围摆放整齐。

这种饲养方式的优点是设备简单、投资少，垫料可以就地取材，雏鸡可以自由活动，光照充足，鸡体健壮。缺点是饲养密度小，雏鸡与鸡粪直接接触，容易感染疫病，特别是球虫病。同时，需要大量的垫料，饲养人员劳动强度大，饲养定额低。

二、网上饲养

就是把肉用仔鸡饲养在舍内高出地面 60 ~ 70 厘米的铁丝网或塑料网上，粪便通过网孔漏到地面上，一个饲养周期清粪一次。网孔约为 2.5 厘米 × 2.5 厘米，前 2 周为了防止雏鸡脚爪从孔隙落下，可在网上铺上网孔为 1.25 厘米 × 1.25 厘米的塑料网或硬纸或 1 厘米厚的整稻草、麦秸等，2 周后撤去。网片一般制成长 2 米、宽 1 米的带框架结构，并以支撑物将网片撑起。网片要铺平，并能承重，以使饲养人员在上面操作，便于管理。为了防止雏鸡粪便中的水分蒸发造成湿度增加和氨气的增多，可在地面上铺 5 厘米厚的垫料，垫料还可吸收水分、吸附有害气体，防止地面产生的冷空气侵袭雏鸡腹部，使其腹泻。

网上饲养可避免雏鸡与粪便直接接触，减少疫病的传播，不需要更换垫料，减少肉用仔鸡活动量，降低维持消耗，卫生状况较好，有利于预防雏鸡白痢和球虫病。但一次性投资较多，对饲养管理技术要求较高。要注意通风，防止维生素及微量元素等营养物质的缺乏。

三、笼养

笼养就是将雏鸡养在 3 ~ 5 层的笼内。笼养提高了房舍利用率，便于管理。该饲养方式鸡活动量小，可节省饲料。笼养具有网上饲养的优点，可提高劳动效率，但需要一次性投资大。电热育雏笼对电源要求严格，鸡舍通风换气要良好，并要求较高的饲养管理技术，现代化大型肉鸡场使用会收到更好的效益。

第三节　无公害肉用仔鸡的营养供给

肉用仔鸡具有快速生长的遗传特性，科学的营养供给是充分发挥其特性的基本条件。肉用仔鸡对营养要求严格，应保证供给其高能量、高蛋白及维生素、微量元素丰富而平衡的日粮。肉用仔鸡对营养物质需要的特点是：前期蛋白质高、能量低，后期蛋白质低、能量高。这是因为，肉用仔鸡早期组织器官发育需要大量的优质蛋白质，而后期脂肪沉积能力增加，需要较高的能量。目前，饲养速长型肉用仔鸡，饲养期可分为 3 个阶段，0 ~ 21 日龄为饲养前期；22 ~ 42 日龄为饲养中期；42 日龄以后为饲养后期。按我国现行肉用仔鸡饲养标准要求，0 ~ 21 日龄：蛋白质 21.5%，代谢能 12.54 兆焦/千克；22 ~ 42 日龄：蛋白质 20.0%，代谢能 12.96 兆焦/千克；42 日龄以后：蛋白质 18.0%，代谢能 13.17 兆焦/千克。

肉用仔鸡日粮配方应以饲养标准为依据，结合当地饲料资源情况而制订。在设计日粮配方时不仅要充分满足鸡的营养需要，而且也要考虑饲料成本，以保证肉用仔鸡生产的经济效益。

第四节　无公害肉用仔鸡的饲喂与饮水

一、适时开食、饮水

（一）饮水

雏鸡在出壳后 24 小时内就给予饮水，以防止雏鸡由于出壳太久，不能及时饮到水，造成失水过多进而使雏鸡脱水。雏鸡在进舍前，应将饮水器均匀地分布安置妥当，以便所有的雏鸡能及时饮到水。饮水器供水时，每 1 000 只鸡需要 15 个雏鸡饮水器，3 周龄后更换大的（4 升）。使用长型水槽的，每只鸡应有 2 厘米直线的饮水位置。采用乳头供水系统，每个乳头可供 10 ~ 15 只鸡使用。

饮水器应放置于喂料器与热源之间，应距喂料器近些。雏鸡进舍休息 1 ~ 2 小时后饮水，以后不可间断。

初次饮水，可在饮水中加入适量的高锰酸钾。经历长途运输或高温条件下的雏鸡，最好在饮水中加入 5% ~ 8% 的白糖和适量的维生素 C，连续用 3 ~ 5 天，以增强鸡的体质，缓解运输途中引起的应激，促进体内胎粪的排泄，降低第 1 周雏鸡的死亡率。最初 1 周内最好饮用温开水，水温基本与室温一致，1 周后可改饮凉水。通常情况下，鸡的饮水量是采食量的 1 ~ 2 倍。当气温升高时，饮水量增加。

鸡的饮用水必须清洁新鲜。使用饮水器供水时，每天至少要清洗消毒一次。更换饮水器设备时应逐渐进行。饮水设备边缘的高度以略高于鸡背为宜，饮水器下面的垫料要经常更换。采用乳头式自动供水系统，进雏前应将水压调整好，将整个供水系统清洗消毒干净，并逐个检查乳头，以防堵塞或漏水。饲养期内应经常检查饮水设备，对于漏水、堵塞或损坏的应及时维修、更换，确保使用效果。

（二）开食

雏鸡初次饮水 2 ~ 3 小时后即可开食，或饮水半小时后有 30% 的雏鸡随意走动，并用喙啄食地面，有采食行为时，就应及时开食。开食使用的喂料设备最好是雏鸡开食盘，一般每 100 只用 1 个，也可选用塑料蛋托或塑料布等。以后若采用自动喂料器具，也应在进雏前调试好。

开食料不可一次加得过多，应少给勤添，并注意观察雏鸡的采食情况。对尚未采食的雏鸡要诱导其吃料。

二、合理喂料

雏鸡开食后 2~3 天就应使用喂料器，改喂配合饲料。雏鸡的配合饲料要求营养丰富、全价，且易于消化吸收，饲料要新鲜，颗粒大小适中，易于啄食。

采用料桶喂饲时，一般每 30 只鸡备 1 个，2 周龄前使用 3~4 千克的料桶，2 周龄后改用 7~10 千克的料桶。如使用自动喂料设备也应在 2~3 日龄时启动，并保证每只鸡有 5 厘米的采食位置。采用料槽喂料时也应使每只鸡有相同长度的采食位置。随着雏日龄的增加，采食位置应适当加宽，基本原则是保证每只鸡均有采食位置为宜，以利于肉用仔鸡生长均匀。

为刺激鸡采食和确保饲料质量，应采用定量分次投料的饲喂方法，但每次喂料器中无料不应超过 0.5 小时。肉用仔鸡饲喂时间是昼夜饲喂，喂饲次数第 1 周 8 次/天，第 2 周 7 次/天，第 3 周 6 次/天，以后 5 次/天即可。每天的喂料量应参考种鸡场提供的耗料标准，并结合实际饲养条件掌握。

第五节 夏、冬季无公害肉用
仔鸡饲养管理特点

一、夏季肉用仔鸡饲养管理特点

我国大部分地区夏季的炎热期持续 3~4 个月，给鸡群造成强烈的热应激。肉用仔鸡表现为采食量下降、增重慢、死亡率高等。因此，为消除热应激对肉用仔鸡的不良影响，必须采取相应措施，以确保肉用仔鸡生产顺利进行。

（一）做好防暑降温工作

鸡羽毛稠密，无汗腺，体内热量散发困难，因而高温环境影响肉用仔鸡的生长。一般6—9月的中午气温达30℃左右，育肥舍温度多达28℃以上，使鸡群感到不适，必须采取有效措施进行降温。夏季防暑降温的措施主要有鸡舍建筑合理、植树、鸡舍房顶涂白、进气口设置水帘，房顶洒水、舍内流动水冷却、增加通风换气量等。

一是鸡舍的方位。应坐北朝南，屋顶隔热性能良好，鸡舍前无其他高大建筑。二是搞好环境绿化。鸡舍周围的地面尽量种植草坪或较矮的植物，不让地面裸露，四周植树，如大叶杨、梧桐树等。三是将房顶和南侧墙涂白。这是一种降低舍内温度的有效方法，该方法适宜气候炎热地区且屋顶隔热差的鸡舍，可降低舍温3~6℃。但在夏季气温不太高或高温持续期较短的地区，一般不宜采取这种方法，因为这种方法会降低寒冷季节鸡舍内的温度。四是在房顶洒水。这种方法实用有效，可降低舍温4~6℃。其方法是在房顶上安装旋转的喷头，有足够的水压使水喷到房顶表面。最好在房顶上铺一层稻草，使房顶长时间处于潮湿状态，房顶上的水从房檐流下，同时开动风机效果更佳。五是在进风口处设置水帘。采用负压纵向通风，外界热空气经过水帘时蒸发，从而使空气温度降低。外界湿度愈低，蒸发就愈多，降温就愈明显。采用此法可降温5℃左右。六是进行空气冷却。通常用旋转盘把水滴甩出成雾状使空气冷却，一般结合载体消毒进行，2~3小时一次，可降低舍温3~6℃，适于网上平养。七是使用流动水降温。可在暖气系统内注入冷水，也可向笼养鸡的地沟中注入流动冷水，使水槽中经常有流动水。此法可降温 3～5℃。八是采用负压或正、负压联合纵向通风。负压通风时，风机安装在鸡舍出粪口一端，启动风机前先把两侧的窗口关严、进风口（进料口）打开，保证鸡舍内空气纵向流动，使启动风机后舍内任何部位的鸡只均能感到有轻微的凉风。此法可降温 3～8℃。

（二）调整日粮结构及喂料方法，供给充足饮水

在育肥期，如果温度超过27℃，肉用仔鸡采食量明显下降。因此，可采取如下措施。一是提高日粮中蛋白质含量1%～3%，多种维生素增加0.3～0.5倍，保证日粮新鲜，禁喂发霉变质饲料。二是饲用颗粒饲料，提高肉用仔鸡的适口性，增加采食量。三是将饲喂时间尽量安排在早晚凉爽期，每天喂4～6次，炎热期停喂，让鸡休息，以减少鸡体代谢产生的鸡体增热，降低热应激，提高成活率。另外，炎热季节必须提供充足的凉水，让鸡饮用。

（三）在日粮（饮水）中补加抗应激药物

一是在日粮中添加杆菌肽粉：每千克饲粮中添加0.1～0.3克，连用。二是在日粮（饮水）中补充维生素C：热应激时，机体对维生素C的需要量增加，维生素C有降低体温的作用。当舍温高于27℃时，可在饲料中添加维生素C 150～300毫克/千克或在饮水中加维生素C 100毫克/千克，白天饮用。三是在日粮（饮水）中加入小苏打或氯化铵：高温季节，可在日粮中加入0.4%～0.6%的小苏打，也可在饮水中加入0.3%～0.4%的小苏打于白天饮用。使用小苏打时应减少日粮中食盐（氯化钠）的含量。在日粮中补加0.5%的氯化铵有助于调节鸡体内酸碱平衡。四是在日粮（饮水）

中补加氯化钾：热应激时出现低血钾，因而在日粮中可补加0.2%～0.3%的氯化钾，也可在饮水中补加氯化钾0.1%～0.2%。补加氯化钾有利于降低肉用仔鸡的体温，促进其生长。五是加强管理，降低密度，做好防疫工作：在炎热季节，搞好环境卫生工作非常重要。要及时杀灭蚊蝇和老鼠，减少疫病传播媒介。要每天刷洗水槽，并加强对垫料的管理，定期消毒，确保鸡群健康。

二、冬季肉用仔鸡饲养管理特点

冬季主要是防寒保温、正确通风、降低舍内湿度和有害气体含量等。

①减少鸡舍的热量散发。对房顶隔热差的要加盖一层稻草，窗户要用塑料膜封严，调节好通风换气口。

②供给适宜的温度。主要靠暖气、保温伞、火炉等供温，舍内温度不可忽高忽低，要保持恒温。

③减少鸡体的热量散失。要防止贼风吹袭鸡体；加强饮水的管理，防止鸡羽毛被水淋湿；最好改地面平养为网上平养，或对地面平养增加垫料厚度，并保持垫料干燥。

④调整日粮结构，提高日粮能量水平。

⑤采用厚垫料平养育雏时，注意把空间用塑料膜围护起来，可以起到一定的保温作用，以节省燃料。

⑥正确通风，降低舍内有害气体含量。冬季必须保持适宜的舍内温度，同时要做好通风换气工作，只注意节约燃料，不注意通风换气，会严重影响肉用仔鸡的生长发育。

⑦防止一氧化碳中毒。加强夜间值班工作，经常检修烟道，防止漏烟。

⑧增强防火观念。冬季养鸡火灾发生较多。尤其是农户养

鸡的简易鸡舍，更要注意防火，包括炉火和电火。

第六节　提高无公害肉用仔鸡生产效益的措施

一、实行"全进全出"饲养制度

"全进全出"是指同一幢鸡舍或全场在同一时间饲养同一日龄的肉鸡雏，而且又在同一时间出售屠宰，然后使鸡舍空舍 7 ~ M 天。"全进全出"制的主要目的在于：空舍期间，彻底清扫鸡舍，并对鸡舍及全部养鸡设备进行彻底的消毒处理，以杜绝各种疫病的循环传播，使每批鸡都有一个"清洁的开端"，能充分利用鸡舍及设备，提高资金周转和劳动生产率。一般每批鸡饲养 50 ~ 60 天出栏，中间休整 7 ~ 14 天；无论平养，还是笼养，肉用仔鸡都应采用"全进全出"制生产方式。

二、公母分群饲养

（一）公母鸡分群饲养的依据

公母鸡的生理特点有所不同，它们对生活环境、营养条件的要求和反应也不一样，主要表现在以下几方面：

（1）生长速度不同　公鸡生长速度快，母鸡生长缓慢。1 日龄时公鸡日增重比母鸡高 1%，生长到 4 周龄时，母鸡体重是公鸡的 80% ~ 90%，8 周龄时为 70% ~ 80%。这说明随着日龄增加，公母鸡的体重差别越来越大。

（2）对营养的要求不同　公鸡对蛋白质含量高的日粮反应比母鸡好，2 周龄前差异不大，3 周龄后差异加大。如果后期日粮蛋白质含量比前期减少2%～4%，则母鸡可较公鸡长得快（并且不会对其生产性能产生不良影响），公鸡则反而有可能降低饲料转化率；母鸡沉积脂肪能力较公鸡强；公鸡对日粮能量要求较低，钙、磷的需求量要比同龄母鸡高；对维生素A、维生素E和维生素B族的需要量也是公鸡比母鸡高。

（3）对环境条件要求不同　公鸡对温度变化较母鸡敏感。前期公鸡要求温度高，而后期则低。公鸡前期羽毛生长慢，一般较母鸡要求的温度高1～2℃。公鸡体重大，易患胸、腿疾病，饲养密度要相对小些。地面平养时公鸡对垫料要求较高，垫料应厚而松软。

（二）公母分群饲养的技术措施

（1）分期出栏　一般7周龄以后，肉用母鸡增重速度相对下降，饲料消耗急剧增加，此时如果母鸡已达到上市体重，即可提前出栏。而公鸡9周龄以后生长速度才下降，与此同时饲料消耗也增加，故可以饲养到9～10周龄出栏。

（2）按公母鸡生理需求调整日粮营养水平　公鸡能更有效地利用高蛋白日粮。喂高蛋日粮可以加快公鸡的生长速度，公鸡前期日粮蛋白质水平可提高到25%。母鸡对高蛋白饲料利用率较低，而且对多余的蛋白质在体内转化为脂肪沉积，既不经济，又影响胴体品质，可将饲料粗蛋白质调整为18%～19%。在饲料中添加人工合成的赖氨酸后，公鸡反应迅速，生长率及饲料效率明显提高，而母鸡对此反应却很小。公母鸡分群饲养营养标准参见表4-1。

表4-1 爱拔益加肉用仔鸡公母分群群饲养饲养标准

项 目	育雏料 (0~21日龄)		中期料 (22~37日龄)		后期料 (38日龄至出场)	
	公	母	公	母	公	母
粗蛋白质 (%)	23.0	23.0	21.0	19.0	19.0	17.5
代谢能 (兆焦/克)	12.98	12.98	13.40	13.40	13.40	13.40
钙（%）	0.90~0.95	0.90~0.95	0.85~0.88	0.85~0.88	0.80~0.85	0.80~0.85
有效磷（%）	0.45~0.47	0.45~0.47	0.42~0.44	0.42~0.44	0.40~0.42	0.40~0.42
赖氨酸（%）	1.25	1.25	1.10	0.95	1.00	0.90
含硫氨基酸 (%)	0.96	0.96	0.85	0.75	0.76	0.70

（3）根据公母鸡的不同特点提供相应的环境条件 公鸡前期的温度要求比母鸡高2℃，待全身生长出大部分羽毛时，可把温差调整到1℃，而后期由于公鸡比母鸡怕热，故室温以低些为宜（比正常温度低1~2℃）。约4周龄开始公鸡的温度要适当下降快些，以促进其生长。要加强对垫料的管理，使垫料保持松软、干燥和适宜的厚度。

三、采用颗粒饲料

颗粒饲料的优点是适口性好，营养全价，易于消化吸收，比例稳定，经包装、运输、喂饲等工序后不会发生质的分离和营养不均的现象，饲料浪费少。同时，在加工成颗粒饲料的过程中还起到了消毒作用，颗粒料的体积小密度大，可促使肉鸡多吃料。所以，使用颗粒饲料消化率可提高2%，增重提高3%~4%，且对减少疫病和节省饲料有重要意义。

四、注意早期饲养

肉用仔鸡1周龄体重可达150克以上，而且以器官组织机能发育为主，这对以后的生长发育和体重增加有重要作用。如果前期营养不良，则会导致鸡只生长缓慢，后期虽然有一定的补偿作用，但最终不如前期营养平衡的肉用仔鸡生长效果好。有研究表明，前期使用营养平衡的含粗蛋白质23%的配合饲料同含粗蛋白质21%的配合饲料相比，肉仔鸡在8周龄时的体重高出3%，虽然所使用的饲料成本比较高，但肉仔鸡生长速度快，饲料效率高，其单位增重成本相对较低，同时也缩短了饲养周期。因此，饲养肉用仔鸡，注意早期饲养是关键技术之一。

五、适时出栏

肉鸡适时出栏是提高经济效益的重要措施，而效益的高低除了受鸡的遗传特性、饲料质量、生长速度、环境因素、管理水平等因素影响外，还受饲料成本和肉鸡市场价格的影响。所以，在抓好一系列的技术措施工作外，还要及时掌握市场信息，包括饲料信息和肉鸡市场信息，安排最适宜的出栏时间。

另外，肉鸡出栏前的最佳停料时间、装车运输以及等候屠宰等环节方面也是要特别注意的。准备出栏的肉鸡，要在出栏前6~8小时停料，以防屠宰时消化器官残留物过多，使产品受到污染。抓鸡时间最好安排在清晨或傍晚。如是无窗鸡舍，也可利用光引导鸡进入笼车，这种引导捕捉可大大减少商品肉鸡在捕捉与装运过程中的损伤率。抓鸡时，不应抓鸡的翅膀，应抓爪，要轻拿轻放，不得抛鸡入笼，以免肉鸡骨折成为次品，鸡笼最好使用塑料笼。夏季要防止烈日暴晒，已装笼和已运到屠宰场等候屠宰的肉用仔鸡要注意通风、防暑。寒冷季节运鸡应考虑适当保暖。笼子、用具等回场后须经消毒处理后才能再次使用，以免带进病原。

第五章　无公害肉鸡的营养需要和饲料配制

第一节　无公害肉鸡饲料的营养成分及原料

一、鸡饲料的营养成分

鸡和其他动物一样，都有生长、生产和繁殖等生命活动，产肉和产蛋都需要一定的营养物质。从化学成分上可分为水、蛋白质、能量、矿物质、维生素等。

（一）水

水是动物体内最重要的无机化合物之一，是维持机体正常功能所必需，它是血液、细胞间和细胞内液的基本物质，在养分、代谢物和废物的运输中起作用。水参与体内 pH 值、渗透压和电解质平衡的调节作用。鸡不饮水比不吃料存活的时间短。限制饮水，哪怕只限 1 天，导致肉用仔鸡的生长显著降低，产蛋母鸡可能换羽和完全停止产蛋。长时间缺水的鸡发生肾炎、血红细胞增多症、腿部皮肤皱缩及其他脱水症状。

（二）蛋白质

蛋白质是构成鸡体组织和产蛋必需的营养物质，是肌肉、结缔组织、胶原蛋白、皮肤、羽毛、爪及喙中的角蛋白的主要结构部分。鸡饲料中的蛋白质含量多用粗蛋白（％）表示，在实际应用时，不仅要注意蛋白质的数量，而且要考虑其质量，即所含的氨基酸的种类和数量。例如，鱼粉和酵母的营养价值高，主要是因为它的蛋白质含量高而且氨基酸比较完善。日粮中略微缺乏蛋白质，则出现轻微的生长降低，严重地缺乏蛋白质，即使是缺乏一种氨基酸，也会导致生长和生产立即停止。蛋白质过量，甚至当所有氨基酸处于平衡时，生长也会轻微降低，体脂肪沉积量减少，血液中尿酸水平增高。过多的蛋白质对鸡也产生应激。

（三）能量

维持鸡的体温、产蛋和生长都需要一定的能量。能量主要来自饲料中的脂肪和无氮浸出物，纤维也含有极少量的热能，蛋白质超出需要量时也可能转化成热能。目前，养鸡业中多用代谢能表示饲料的能量价值，单位为焦（J）。一般在寒冷或适中的环境条件下，能量的低限为每千克日粮10 885.68千焦；在温暖环境条件下约为10 048.32千焦。生长鸡日粮的能量浓度低于这个临界水平，生长降低并且月同体中沉积脂肪量减少，但只要日粮的能量能满足维持需要，就不会发生其他缺乏症状。当能量水平低于维持需要时，动物体重减轻，各种功能衰退，直至最后死亡。当能量过多时，脂肪沉积量增加，生长速度略有降低，并不引起可察觉的症状。而当能量严重过剩时，饲料采食量减少，以至严重缺乏蛋白质、维生素和矿物质，生长可能完全停止，鸡变得很肥，但同时表现蛋白质和维生素的"饥饿"症状。

（四）矿物质

生长鸡体新的组织、产蛋都需要矿物质。矿物质种类很多，大量矿物质有钙、磷、钠等，一般用百分数表示；微量矿物质钾、镁、铜、铁、锌、锰等，以每千克饲料中所含的毫克数表示。每种矿物质都有其特定的作用，缺乏或过量都会对机体产生不利的影响。如钙和磷是构成骨骼的主要成分，钙对于血液凝结也是必要的，钙与钠、钾一起是心脏正常跳动所必需的，并且与酸碱平衡有关。磷是参与所有生活细胞的重要成分，磷的盐在维持酸碱平衡中起着重要作用。日粮中缺少钙、磷或钙磷比例失调会引起佝偻病、生长阻滞，产蛋鸡蛋壳变薄等症状。

（五）维生素

维持鸡体正常代谢、生长、产蛋和提高饲料利用率，都必需维生素。目前，鸡饲料中补充的维生素有 13 种，即脂溶性的 A、D、E、K 和水溶性的 B 族维生素。各种维生素都有其特定的作用，缺乏和过量都对鸡的生产和生活不利。

以上各种营养物质在鸡饲料中都不是孤立存在的，而是相互影响的。能量和蛋白质要维持一定的蛋能比；矿物质之间、维生素之间、矿物质和维生素之间也都存在着协同和颉颃作用，在配合口粮时要全面考虑，且不可顾此失彼。

二、养鸡常用饲料

养鸡常用饲料由许多种成分组成，含有鸡所需的所有营养成分。饲料的种类很多，通常可分为能量饲料、蛋白质饲料、青绿饲料、添加剂饲料等。

（一）能量饲料

能量饲料包括谷物饲料和块根、块茎饲料，富含淀粉与少量蛋白质、脂肪，其他营养素含量较少，因此，它含能量高，粗纤维含量少，易于消化吸收。

（1）玉米　玉米是鸡配合饲料中重要的能量饲料，是代谢能最高的能量饲料，粗纤维含量少，适口性好，脂肪含量较高。

（2）小麦　小麦是仅次于玉米的高能量饲料，粗蛋白质含量较高，蛋氨酸、赖氨酸偏低，粗脂肪和粗纤维含量也较低。

（3）稻谷　稻谷的营养价值只相当于玉米的80%左右，能量水平低。但它的适口性好，为鸡所喜食，而且含核黄素、磷较多，是雏鸡开食常用的饲料之一。

（4）大麦　大麦代谢能较低，粗脂肪和粗维含量较高，含粗脂极少，但赖氨酸含量较高。

（5）高粱　高粱所含淀粉与玉米相仿，蛋白质稍高于玉米，但脂肪含量低于玉米。高粱中含有单宁，适口性差，多喂易造成便秘，因此，在配合饲料时占20%以下为宜。

（二）蛋白质饲料

粗蛋白质含量超过20%的饲料称为蛋白质饲料。蛋白质饲料主要分为植物性蛋白质饲料和动物性蛋白质饲料两大类。植物性蛋白质饲料有豆饼、花生饼、葵花籽饼、菜籽饼、棉籽饼、芝麻饼等；动物性蛋白质饲料有鱼粉、血肉粉、蚕蛹粉、羽毛粉等。它是日粮配合的重要组成部分。

1. 植物性蛋白质饲料

①豆饼。其粗蛋白质、赖氨酸含量都高，B族维生素含量较多，但缺少维生素A和维生素D，含量也不足。但豆饼中含有抗胰蛋白酶，因此，在使用豆饼时，一定要用经热处理过的熟豆饼或熟豆粕，因为热处理可以破坏抗胰蛋白酶。

②花生饼。一种蛋白质含量很高的饲料，蛋白质含量在40%以上。含有对鸡营养十分重要的精氨酸和组氨酸，在能补给合成赖氨酸与蛋氨酸的条件下，可以降低饲料的蛋白质水平。

它的适口性好，而且硫胺素、烟酸、泛酸的含量多，但含脂肪偏高，易发生霉变。在霉变的花生饼中含有毒性很强的黄曲霉毒素，对鸡有毒害作用，严重的可致鸡死亡。因此，花生饼在贮存时应严防潮湿和阳光直射。

③棉籽饼。粗蛋白质含量在 40% 左右，粗纤维含量高，但其中含有有毒的游离棉酚，所以饲料中不宜多用，经热处理或去毒处理后可作为鸡的蛋白质补充饲料，但喂量一般在 5% 以下为宜，否则会影响鸡的生长和种蛋的受精率、孵化率。种公鸡饲料中绝不能用棉籽饼。

2. 动物性蛋白质饲料

①鱼粉。蛋白质含量很高，一般在 50% ~ 65%，且富含钙磷及维生素 B_{12} 等，含有特别丰富的赖氨酸、蛋氨酸和色氨酸，这些特点很适合鸡的营养需要，是雏鸡和种鸡不可缺少的饲料。

②血肉粉。由屠宰畜禽的废弃物加工而成。血粉由动物鲜血制成，含粗蛋白质 80% 以上，富含赖氨酸、精氨酸和铁，但有腥味，适口性差，不易消化。肉骨粉的粗蛋白质含量在 45% ~ 50%，钙、磷含量较高且比例适当，但粗脂肪含量较高，易腐败变质。

③羽毛粉。是羽毛经水解角质蛋白后的新型蛋白质资源，蛋白质含量高达 80% 左右，但由于主要限制氨基酸含量极低，因此质量差，品位低，不宜多喂。

（三）青绿饲料

鸡的青绿饲料是指细嫩而易消化的蔬菜、牧草等。青绿饲料水分含量高，粗蛋白质含量少，但维生素含量丰富，无机盐含量也较多，且钙、磷比例较合适。

（四）无机盐饲料

无机盐饲料都是含营养素比较专一的饲料，有的兼含两种营养元素。

（五）添加剂饲料

添加剂饲料包括营养性添加剂与非营养性添加剂两大类。营养性添加剂主要是补充配合饲料中含量不足的营养素，使所配合的饲料达到全价。非营养性添加剂并不是营养需要，它是一种辅助性饲料，添加后可提高饲料的利用效率，防止疾病感染，增强抵抗力，杀害或控制寄生虫，防止饲料变质或是提高适口性等。

第二节 鸡的营养需要和饲料配合

一、鸡的营养需要

我国于 1986 年制定的鸡饲养专业标准，如表 5-1。

表 5-1 肉用仔鸡的饲养标准（ZB B 43005—1986）

养分	0~4 周龄	5 周龄以上	养分	0~4 周龄	5 周龄以上
代谢能/兆焦·千克$^{-1}$	12.13	12.55	维生素 A/（IU·千克$^{-1}$）	2 700	2 700
粗蛋白质/%	21.0	19.00	维生素 D3/（IU·千克$^{-1}$）	400	400
蛋白能量比/（克·兆焦$^{-1}$）	301.25	263.59	维生素 E/（IU·千克$^{-1}$）	10	10
钙/%	1.00	0.90	维生素 K/（IU·千克$^{-1}$）	0.5	0.5
总	0.65	0.65	硫胺素/（毫克·千克$^{-1}$）	1.8	1.8

（续表）

养分	0~4 周龄	5 周龄以上	养分	0~4 周龄	5 周龄以上
有效磷/%	0.45	0.40	核黄素/ (毫克・千克$^{-1}$)	7.2	3.6
食盐/%	0.37	0.35	泛酸/ (毫克・千克$^{-1}$)	10	10
蛋氨酸/%	0.45	0.36	烟酸/ (毫克・千克$^{-1}$)	27	27
蛋氨酸中 胱氨酸/%	0.84	0.68	吡哆醇/ (毫克・千克$^{-1}$)	3	3
赖氨酸/%	1.09	0.94	生物素/ (毫克・千克$^{-1}$)	0.15	0.15
色氨酸/%	0.21	0.17	胆碱/ (毫克・千克$^{-1}$)	1 300	850
精氨	0.31	1.13	叶酸/ (毫克・千克$^{-1}$)	0.55	0.55
亮氨酸/%	1.22	1.11	维生素 B$_{12}$/ (毫克・千克$^{-1}$)	0.009	0.009
异亮氨酸/%	0.73	0.66	铜/ (毫克・千克$^{-1}$)	8	8
苯丙氨酸/%	0.65	0.59	碘/ (毫克・千克$^{-1}$)	0.35	0.35
苯丙氨酸 + 酪氨酸/%	1.21	1.10	铁/ (毫克・千克$^{-1}$)	80	80
苏氨酸/%	0.73	0.69	锰/ (毫克・千克$^{-1}$)	60	60
缬氨酸/%	0.74	0.68	锌/ (毫克・千克$^{-1}$)	40	40
组氨酸/%	0.32	0.28	硒/ (毫克・千克$^{-1}$)	0.15	0.15
甘氨酸 + 丝氨酸/%	1.36	0.94			

二、鸡饲料配合

鸡的饲料配合方法分为以下 3 步。

第 1 步，明确饲料日粮的营养标准。参照饲养标准，确定鸡在某个生长阶段的实际情况并确定各种营养成分的需求值。例如：要配制青年鸡饲料日粮，参考某企业的饲养标准，各种营养成分分别为：代谢能 11.7 兆焦/千克，粗蛋白质 13.6%，粗脂肪 2.7%，粗纤维 3.5%，151.0%，磷 0.65%。

第 2 步，明确饲料中各种原粮的营养成分。通过相关书籍和资料进行查阅，或根据化验检测结果，可以列出各种饲料的营养成分。例如，根据货源供应情况，拟选用玉米、小麦、高粱 3 种能量饲料和豌豆、大豆两种蛋白质饲料，通过查阅饲料营养方面的书籍或其他工具书得其营养成分，见表 5 - 2。

表 5 - 2 日粮常用原料营养成分

饲料名称	代谢能/ （兆焦·千克⁻¹）	蛋白质/ %	脂肪 /%	粗纤维 /%	钙/%	磷/%
黄玉米	13.8	8.6	3.5	2.2	0.04	0.21
小麦	12.9	13.2	1.8	2.5	0.09	0.31
高粱	12.3	8.9	3.0	2.3	0.09	0.28
豌豆	11.4	22.6	1.5	5.9	0.13	0.39
炒熟大豆	15.7	36.9	17.2	4.5	0.27	0.48

第 3 步，计算各种饲料原粮搭配的比例，配合后的饲料日粮的营养成分要与确定的各种营养成分的需求值相符合。

1. 传统计算方法

四方形法，又称方形法、四角法、交叉法。这种方法直观、快捷、易学，但难以对各种营养物质通盘考虑，只是最为简单的粗略的计算方法。

把所有能量饲料按直观的比例合并起来作为第 1 组，把所有的蛋白质饲料按直观的比例合并起来作为第 2 组。分别计算两组饲料中含粗蛋白质的含量。

如第 1 组能量饲料玉米、小麦、高粱，直观比例为 60%、25% 和 15%，则所含粗蛋白质含量为：（8.6 × 60%）+（13.2 × 25%）+（8.9 × 15%）＝9.8%。

第 2 组蛋白质饲料豌豆、炒熟大豆，直观比例为 80% 和 20%，则所含粗蛋白质的含量为：（22.6 × 80%）+（36.9 × 20%）＝25.46%。

建立一个四方形，分别把能量饲料组的蛋白质含量9.8%放在左上角，把第 2 组蛋白质饲料的蛋白质含量25.46%放在左下角，把标准值13.6%放在对角线交叉处，分别计算出两个对角线数据之差，放在右侧上下两角。右侧上下两个数据就表示饲料中第 1 组能量饲料和第 2 组蛋白质饲料的搭配比例，折算成百分含量为：

第 1 组能量饲料所占百分比为：（11.86 + 3.8）＝75.73%

第 2 组蛋白质饲料所占百分比为：3.8 ÷（11.86 + 3.8）＝24.27%

进一步计算出各种饲料原粮在日粮中的百分比：

黄玉米：75.73% × 60% ＝45.44%

小麦：75.73% × 25% ＝18.93%

高粱：75.73% × 15% ＝11.36%

豌豆：24.27% × 80% ＝19.42%

炒熟大豆：24.27% × 20% ＝4.85%

2. 普通计算方法（试差计算法）

这种计算方法是根据主观经验，把各种原料设定一定比例，形成一个配方，然后分别计算该配方的各种营养成分，与标准值进行比较，根据比较结果对原有的配合比例再进行调整，如果蛋白质含量低于标准值，则提高某种蛋白质饲料的百分比，同时等量减少某种能量饲料的百分比，调整后再计算对比，再调整、再对比，直到最后配合的饲料日粮中的各种营养成分与参照的饲养标准值相符合。

3. 软件计算法

过去用手工计算时这种方法十分繁琐，但现有应用计算机的 Excel 自动计算功能，显得简便得多，而且较为实用。

首先打开 Excel 文件，出现 Excel 表格。在第 1 行分别填入饲料品种及能量、蛋白质、脂肪、粗纤维、钙、磷等各种营养成分项目，以及饲料日粮中的百分比；在第 1 列分别排列出各种选用饲料原粮的名称和配合饲料综合值、饲养标准值；然后把查到的各种营养成分填到对应的表格内；根据 Excel 表格功能把配合饲料综合值一行空格内设定计算公式，百分比一格设定成本列第 2 行到上一行的相加总和，其余分别设定成本列上面各品种的含量数值乘以所占百分比的相加之和，最后在百分比一列中填充主观拟定的各种饲料品种的百分比，当所有百分比填充结束时，配合饲料综合值一行设定的各种营养成分将会自动计算出来，这时再与下面一行的标准值进行比较和调整，调整到符合标准值时，就可以确定各种饲料品种的百分比。

随着现代科技的发展，现在已有科研单位设计出饲料配方的专用软件，确定各种饲料日粮的配方更加方便快捷。

三、配合饲料的种类和选购

（一）配合饲料的种类

1. 按成品营养构成区分

①全价配合饲料：可直接喂鸡。

②添加剂预混料：加入营养性添加剂和非营养性添加剂，并以玉米为载体，按规定量进行预混合的产品，是半成品，由用户自行调配。

③平衡用混合料：由蛋白质饲料、矿物质饲料与添加剂预混料按规定要求进行混合而成，供生产全价配合饲料和精料混合料用。

2. 按成品的物理性状区分

①粉状饲料：根据配合要求，将各种饲料按比例混合后粉碎或各自粉碎后再混合。

②颗粒饲料：粉状饲料经颗粒机加工成一定大小的颗粒，有利于喂料机械化。

（二）配合饲料的选购

选购饲料可以从下面5个方面进行辨别分析。

（1）包装商标　正规厂家包装应是美观整齐，电话、厂址、适应品种明确，有工商部门的注册商标。许多假冒伪劣产品包装袋上的厂址、电话都是假的，更没有注册商标，经注册的商标右上方都有 R 标注。

（2）饲料气味　好的浓缩料应有较纯的鱼腥味，而不是臭味或其他异味。有些劣质饲料为了掩盖一些变质原料发生的霉味而加入较高浓度的香精，因此有些饲料尽管特别香，但并不是好饲料。

（3）饲料均匀度　正规厂家的优质饲料混合都是非常均匀的，不会出现分极现象，劣质饲料因加工设备简陋，很难保证饲料的品质，从外观看，在每包饲料的不同部位各抓一把，很容易看出区别。

（4）颜色　某一品牌某一种类的饲料，它的颜色在一定的时期内相对保持稳定。由于各种饲料原料颜色不一样，不同厂家有不同的配方。因而不能用统一的颜色标准来衡量，但在选购同一品牌时如果颜色变化过大，应引起警觉。

（5）生产日期　尽管有些饲料是正规厂家生产的优质饲料，但如果超过了保质期，饲料难免会变质，即使保管良好，饲料中维生素等养分的效价也会降低，影响饲养效果。购买饲料还应注意，最好一次购买的饲料在保质期内能喂完。

第三节　提高养鸡日粮利用效率的方法

鸡全价日粮的配合旨在提高饲料的利用率，而影响其利用率的因素有许多方面，主要包括：制定合理的饲养标准；合理搭配饲料原料、开辟非常规资源；平衡营养使各养分之间配比协调；通过添加微量物质以提高营养物质的消化利用效率等。

一、制定合理的营养标准

对各种特定动物所需要的各种营养物质的定额就是饲养标准，饲养标准也即动物饲养的准则。它可使动物饲养者做到心中有数而不盲目饲养，既能全面满足动物营养需要又能合理利用饲料原料。但它是具有广泛的、普遍性的指导原则，不可能对所有影响因素都在制定过程中加以考虑，所以日本已对家禽饲养标准进行了修订，提出了更符合鸡体生长需要的营养标准。

①在计算能量需要量时已由原来的体重和产蛋率两个因素变为现在的体重、产蛋率和环境 3 个因素。这样能够随环境温度的变化把握能量需求的变化，尤其是能够推定冬、夏季节的采食量。但在实际应用范围内，自觉变更饲料能量含量时必须修正其他养分的含量（因随能量含量的变化饲料采食量发生变化）。

②蛋白质及氨基酸需要量可用能蛋比的计算来推算。

③产蛋期钙的要求量要达到 3.0% ～ 4.0%，由于每日每只产蛋期的鸡对钙的需要量受产蛋率、蛋重及钙的利用率等因素的影响，所以用计算式求取的标准需要量要充分预计安全系数。

④磷要满足总磷的需要量（原说法是来源于动物及矿物质的磷全部作为非植酸磷，而植物性饲料原料把总磷含量的 30% 视为非植酸磷，动物只能利用非植酸磷，但植酸酶的使用使得非植酸磷也可以被利用）。

⑤微量元素中变更了中雏鸡的铁和生长鸡的铜的需要量，产蛋期变更了铁、锌、碘的需要量。

⑥维生素加大了胆碱和 B_6 的需要量。按此标准配制的配合饲料更符合鸡的生长需要，促使其发挥最大生产性能。

二、合理搭配饲料原料、开辟非常规饲料资源

能量饲料和蛋白质饲料是配合饲料的主要原料，能量饲料是较为固定的玉米，一般研究不多。合理搭配饲料原料主要是指开辟非常规蛋白质饲料资源，这样对降低饲料成本、提高养分利用率、增加养殖效益、保持产品的市场竞争力具有重要的实用价值。

选择蛋白质饲料时需要掌握蛋白质的生物学效价（利用

率）营养特性及经济利益等多方面。蛋白质饲料的利用率取决于其中的可利用蛋白质价值、能量价值和抗营养因子。蛋白质营养价值由必需氨基酸和非必需氨基酸的含量、组成和比例决定，其含量、组成和比例越接近体蛋白营养价值则越高。

配合饲料中蛋白质饲料的主要来源是豆粕。因其氨基酸含量非常丰富，配比较为合理，且含有生长未知因子，是养鸡业的最好蛋白质来源，任何阶段的家禽都可使用。但由于所有豆类蛋白质饲料中都含有蛋白抑制因子，故使用又受到限制。花生粕（饼）中赖氨酸与精氨酸的比例为1:3.8（远远超过了理想比例1:1），所以生产中的鸡配合日粮中雏鸡和肉鸡前期禁用，其他则占日粮4%以下。菜籽粕中氨基酸水平接近豆粕，但因抗营养因子使其应用得到限制，一般在鸡配合日粮中添加5%无不良影响。棉粕与菜粕混合使用可起到很好的补充作用。将棉粕：菜粕：豆粕按1:1:2的比例或将棉籽饼：菜籽饼：葵花籽按1:1:4的比例混合成三合饼并添加赖氨酸和高铜作为家禽饲料的蛋白质来源，既能安全限量又可满足营养全面的要求，是合理利用杂粕的有效途径。

近年来也有用生产抗生素的残渣作为蛋白质饲料的。尽管其蛋白质含量很高，但由于其中有抗生素残留，可致使动物产生耐药性，甚至对人造成危害，所以现已明令禁止使用。

由于鱼粉价格昂贵再加上货源紧张，故在日粮中所占比例很小，常用动物屠宰副产品加工成的血粉、羽毛粉和肉骨粉等用来部分代替鱼粉平衡日粮中的氨基酸成分。

使用蛋白质饲料配合日粮时，为便于指导的普遍进行，浓缩料应以豆粕为主（60%以上）。幼龄和种用动物尽量少用或不用杂粕。尽量用各种饼粕配合使氨基酸平衡互补，从而少加人工合成氨基酸就能满足动物对氨基酸的需要。使用杂粮时应提高蛋氨酸、赖氨酸的添加量，特别注意氨基酸平衡，还应适当提高铁、铜、锌、锰的添加水平。

三、平衡营养、使各养分间配比协调

配制鸡的日粮配合应特别注意蛋白和能量的比例，此外，蛋白中各种氨基酸的比例又被提到首要位置。

（一）按可消化氨基酸配制日粮

饲料中氨基酸不能被动物全部消化和利用。不同饲料原料氨基酸消化率不一样，使用副产品及限量成分尤为突出，所以，用有效氨基酸配制日粮更接近动物对氨基酸的利用情况。这样做能更好地控制动物的生产性能，减少日粮中养分的安全系数，并且可以充分利用非常规蛋白质饲料原料。达到优化利用目的的前提条件是需要估测原料中可消化氨基酸的含量以及动物对可消化氨基酸的需要量。有实验表明，低消化率日粮（由高粱、米糠、家禽副产品、肉骨粉组成）与高消化率日粮（玉米、豆粕型）相比，其增重、采食量、料肉比等指标都相近，而每千克体重耗费的饲料成本显著降低（3.5%）。可见以可消化氨基酸为基础配制日粮为合理有效利用杂粮及其他加工副产品提供了新的思路。

选择测定氨基酸消化率方法的原则是：精确、灵敏、简便。氨基酸在回肠末端以前被吸收利用，而肠道微生物可以改变食糜中未消化的氨基酸的组成，所以，测定氨基酸的消化率涉及是否去除盲肠的问题。有实验表明饲喂无蛋白日粮，盲肠切除成年公鸡氨基酸排泄高于正常公鸡。

按可消化氨基酸配制日粮，蛋白消化率高，减少氮的排出

和环境污染。对鸡而言前期（0~8周）生长速度取决于氨基酸平衡良好的蛋白质水平，用可消化氨基酸配制日粮保证了小鸡的最佳生长性能，有助于提高蛋重和开产日龄。

（二）采用理想蛋白体系

日粮、年龄、性别、环境等多种因素影响动物对氨基酸的需要量，故不能准确应用"剂量–反应"实验来逐个确定每种氨基酸的需要量。采用可消化必需氨基酸相对于赖氨酸的比率作为计算日粮氨基酸配比的依据是很容易适应各种条件的，因为理想比率是相对稳定的。应用这种氨基酸平衡理论可以降低过量的氨基酸水平（过量氨基酸没有价值，产生额外热增耗，抑止其他氨基酸的利用），降低蛋白饲料成本。

所谓理想蛋白（IP）是指日粮中蛋白质的氨基酸组成及比例与动物所需的氨基酸比例吻合，在 IP 内每种氨基酸都是必需氨基酸。

蛋白质饲料价格上涨以及有关生产效益的降低、蛋白质饲料资源的拓宽以及蛋白代用品的使用都导致氨基酸供求比例失调，促使日粮配合建立理想蛋白，同时建立理想蛋白可以满足动物需要，防止原料浪费，提高经济效益。

在理想蛋白体系中之所以用赖氨酸作参比，原因就是赖氨酸对鸡来说是限制性氨基酸，而赖氨酸的分析又比含硫氨基酸容易。赖氨酸的主要功能是合成蛋白质，其研究资料也较多。

实际应用中常用理想蛋白来测定氨基酸需要量，评定饲料蛋白质的营养价值。体蛋白和毛发蛋白沉积的净氨基酸需要量及维持需要等都影响理想蛋白的构成，不同目的要求氨基酸配比不同。由于赖氨酸必须适应各种条件所以很难制定一套可适应各种不同情况的理想氨基酸标准。

采用理想蛋白有许多优点：

①可以降低日粮蛋白水平，有效利用氮源，益于降低氮源对环境的污染。

②减少热能消耗，降低日粮成本。

③可以使日粮蛋白保持相对稳定，从而使生产性能保持在必要的水平。

第六章　无公害肉鸡高效繁育技术

第一节　无公害肉鸡的繁育技术

一、无公害肉鸡的繁育基本方法

（一）个体选择

个体选择也称为大群选择，根据个体表型值进行选择。这种方法简单易行，适用于遗传力高的性状。在肉鸡的育种中选择体重时常用此法。

（二）家系选择

根据家系均值进行选择，选留和淘汰均以家系为单位进行。这种方法适用于遗传力低的性状，并且要求家系大、由共同环境造成的家系间差异或家系内相关小。在这一条件下，家系成员表型值中的环境效应在家系均值中基本抵消，家系均值基本能反映家系平均育种值的大小。对产蛋量作选择时都采用此法，但必须注意保证足够大的家系（>30只），而且家系成员要在测定鸡舍内随机分布。

家系在鸡育种中特指由1只公鸡与10只左右母鸡共同繁殖的后代。这实际上是一个由全同胞和半同胞组成的混合家系。同一母鸡的后代构成全同胞家系，不同母鸡的后代间为半同胞关系。因此，鸡的家系选择又可分为全同胞家系选择和混合家系选择。

与家系选择有关的是同胞选择。两者的区别是，家系选择的依据是包括被选者本身成绩在内的家系均值，而同胞选择则完全依靠同胞的测定成绩。因此，对产蛋量这一限性性状，公鸡用同胞选择，母鸡用家系选择。两种方法对选择反应的影响几乎相同，特别是在家系含量大时。

（三）合并选择

兼顾个体表型值和家系均值进行选择。从理论上讲，合并选择利用了个体和家系两方面的信息，因为其选择准确性要高于其他方法。这种方法要求根据性状的遗传特点及家系信息制定合并选择指数。合并选择还可综合亲本方面的遗传信息，制定一个包括亲本本身、亲本所在家系、个体本身、个体所在家系成绩等在内的合并选择指数，用指数值来代表个体的估计育种值。数量遗传学最近的发展，为准确估计育种值提供了有效的方法，动物模型下的最佳线性无偏估计已成功地用于家禽的育种值估计，根据线性无偏估计值进行选择可以提高选择准确性。

二、种鸡的配种年龄和使用年限

公鸡在6周龄睾丸中出现初级精母细胞，10周龄出现次级精母细胞，12周龄次级精母细胞分裂为精细胞，后变为精子，20周龄达到性成熟。22周龄以后配种，才能得到较高的种蛋受精率。种公鸡从22周龄用于配种，可一直使用到72周龄，其受精率仍不降低。育种用公鸡可使用到3年。

母鸡产蛋量随年龄增长而下降，第一年产蛋量最高，第二年比第一年下降15%～20%，第三年下降30%左右。一般种鸡场为了取得较高的经济效益，种母鸡从26周龄编群、配种、采种蛋，再养48周淘汰。在这样年龄范围内，种蛋受精率可高达86.3%以上。育种用优秀母鸡可以使用2～3年。

三、公母鸡配种比例

在自然交配的鸡群中，公母鸡比例直接影响种蛋受精率的高低。合适的性别比例是：轻型蛋鸡，1只公鸡配12～15只母鸡；较重型蛋鸡公母比例是1∶10～12。

采用人工授精，1只公鸡可负担30～50只母鸡配种，既充分发挥了优良种公鸡的作用，又提高了种公鸡的利用率。

四、人工授精技术

鸡的人工授精在我国已经很普及，其意义主要是可以减少公鸡的饲养量，降低生产成本。人工授精的公母鸡比例一般为1∶（20～30），高的可达1∶50，而自然交配的公母比例一般为1∶10。人工授精改变了种母鸡的饲养方式，种母鸡可以饲养在蛋鸡笼中，提高饲养密度，减少鸡蛋污染，有利于母鸡生产性能的发挥。另外人工授精可以通过更换公鸡改变产品的类型，老母鸡使用新公鸡提高受精率，而这些在自然交配时很难做到。

（一）人工授精种鸡的选择

人工授精所用种公鸡要完全符合本品种的体型外貌特征，发育良好，体态健壮，双亲生产性能高，健康无病。在180日龄要进行对公鸡的按摩调教，每30只母鸡选留1只公鸡，并留有10%～15%的后备种公鸡。选留下的种公鸡要求头高昂，鸣叫雄壮有力，腹部柔软，采精按摩时肛门能外翻，泄殖腔大而宽松，条件反射灵敏，交配器能勃起，并能射出良好的精液。种母鸡无特殊要求，按育种或生产需要选择。要求健康无病，生长发育良好，泄殖腔宽松湿润，体型紧凑，生殖系统没有炎症。

（二）采精技术

①提鸡时要注意使鸡保持舒适、安静，不使鸡群受惊。

②采精保定方法：可采用站姿、坐姿、蹲姿和笼门口提姿等方式。无论哪一种，只要习惯后不要轻易改变。

③采精方法：背尾部按摩，腹部加压，趾骨口沿尾骨两侧用大拇指和中指轻轻从里向外挤。3个动作必须连贯运用。

④应将采精杯中的精液缓慢加入集精杯进行混精，防止产生气泡。

⑤采下的精液应放入5~15℃的温度内保存。精液一般在半小时内用完为宜，否则精液品质下降，不能再输精用。

（三）采精次数

公鸡以每两天或3天采精1次为宜，这样精液质量高。采精时公鸡饲料中的蛋白质、维生素A、维生素E等的含量必须符合要求。

（四）采精应注意的事项

（1）公鸡的调教　采精前必须对选种公鸡进行调教。调教时每天训练1~2次，经3~4天后即可采到精液。多次训练仍没有条件反射或采不到精液的公鸡应予以淘汰。

（2）公鸡的隔离　采精时公鸡要分开饲养，以免相互斗殴，影响采精量，采精前两周将公鸡上笼，使其熟悉环境，以利于采精。

（3）固定采精员　因为采精的熟练程度、手势和压迫力的不同都影响采精量和品质，故最好固定采精员。

（4）用具消毒　采精用具应经过刷洗、消毒、晾干或烘干后使用。

（5）采精前要停食　公鸡采精前 3 ~ 4 小时要停食，防止饱食后采精时排粪，影响精液质量。

（五）输精技术

（1）输精操作

①翻肛。一般右手持鸡，左手翻肛，在泄殖腔的左边有个小圆孔，便是输卵管开口，即子宫颈口，是输精的部位。

②输精。当输卵管口翻出后，输精员即可输精，当输精器插入的一瞬间，便稍往后拉，助手即可解除对母鸡腹部的压力，这样就使精液有效地输到母鸡输卵管内，每输一只母鸡，都要用棉球擦拭输精器头。最好每输一只母鸡换一个输精器头，以免疾病相互感染。输精量一般为 0.025 ~ 0.03 毫升。输精时停止压迫母鸡腹时以免精液外流。

（2）输精深度　一般以浅输精为宜，输精管插入输卵管 2.5 ~ 3 厘米即可收到很好的效果。

（3）输精时间　应在每天 14：00—16：00，母鸡产蛋之后输精。提前输精，输卵管内有蛋，阻碍精子运行，受精率明显下降。

（六）精液品质的评定

（1）外观检查　正常精液为乳白色或稍带黄色。混有血液、尿液及粪便的精液均为异常，品质不良，受精率也低。

（2）活力检查　采精后 20 分钟，取同等量精液和生理盐水各一滴，置于载玻片上，混合均匀，放上盖玻片，在 37℃ 条件下，用 200 ~ 400 倍显微镜检查，呈直线运动的才有授精能力，视其中比例的多少，评为0.1～1级，在实践中最好的为0.9级，故精子活力达0.8，受精率可达90%以上。呈旋润翻滚状的为活力高、密度大的精液。如精子呈圆周运动或原地摆动的均无授精能力。

（3）酸碱度检查　正常精液的氢离子浓度为10－7摩尔/升（pH值＝7），当氢离子浓度大于摩尔/升（pH值＜6）时，精子运动缓慢；氢离子浓度小于10－8摩尔/升（pH值＞8）时，精子运动快，易死亡。

（4）密度检查　可采用精子密度估测法。在显微镜下，如见整个视野布满精子，精子间几乎无空隙，一般每毫升精液的精子数在40亿以上，为浓稠的精液；如在视野中精子间距明显，每毫升精液的精子数为20亿～40亿，为中等密度的精液，如见精子间有很大的空隙，每毫升精液的精子数在20亿以下，为稀精液。

（七）精液的稀释与保存

（1）精液的稀释　精液稀释的目的有两个：一是扩充精液量，增加输精鸡数；二是延长精子的寿命和保存时间，以便操作与运输。将合格的精液与等温的稀释液缓慢混合，防止起泡，也要防止急剧降温和温度反复波动。常用的稀释液如下：

①1%氯化钠溶液。氯化钠1克，蒸馏水100克。

②磷酸盐缓冲液。磷酸二氢钾1.456克，磷酸氢二钾0.873克，蒸馏水100克。

③葡萄糖液。葡萄糖5.7克，蒸馏水100克。

④蛋黄葡萄糖液。新鲜蛋黄1.5克，葡萄糖4.25克，蒸馏水100克。上述各种稀释液中每100毫升加500～1 000单位青霉

素和氯霉素，起抗菌作用。

（2）精液的保存　短期保存可于采精后 15 分钟内稀释，在 0～5℃条件下保存。如需长久保存，则需进行冷冻保存。

（八）人工授精常用器具

人工授精常用器材与用品有：集精杯、0.05～0.5 毫升滴管、0.05～0.5 毫升刻度滴管、保温瓶或保温杯、5～10 毫升刻度试管、10～20 毫升注射器、12#针头、消毒盒或铝锅、100℃温度计、显微镜、载玻片、盖玻片、微量吸液器、瓷盘、瓷桶、弯剪、电炉、生理盐水、蒸馏水、试纸、酒精、药棉、试管刷、纱布、脸盆、毛巾等。

（九）影响种蛋受精率的因素

①种公鸡营养不足，尤其是蛋白质、维生素 A、E、B_2 和微量元素硒、碘缺乏时，种公鸡产精量减少，精子活力弱，使种蛋受精率降低。

②种公鸡留量不足，负担母鸡过多，造成对种公鸡过度采精，得不到充分的休息和体力恢复。

③遗传因素的影响，近交系数高的鸡群其种蛋受精率低，纯系种蛋受精率明显低于父母代种鸡的受精率。

④管理不当，对种公鸡过度限制饲养，体况不佳且瘦弱，产生的精液质量差。

⑤种公鸡年龄太小或过于老龄，其精液中有效精子数量不足，活力差。

⑥环境温度太冷或太热，春季气温适宜，一般受精率较高，气温高于28℃或低于10℃，种蛋受精率明显下降。

⑦种母鸡密度过大、鸡舍通风不足、互相应激反应等都影响种蛋受精率。

⑧母鸡多次输精、输卵管受损或发炎或鸡群发生疫病，受精率下降。

⑨光照不适当或母鸡换羽，种蛋受精率降低。

第二节　无公害肉鸡的繁育程序

现代肉鸡育种中，父系和母系的选育方法有一定区别。

一、父系选育

对肉鸡父系的选择以早期增重速度、配种繁殖能力、产肉率和饲料转化率为主，兼顾其他性状。选择方法以个体选择为主，在繁殖性能和饲料转化率等方面结合家系选择进行。

肉鸡的主要性状是在不同的年龄表现出来的，不能等所有性状都表现后才作选择。因此，肉鸡的选育都是分阶段进行的。选种时，不但要求在各阶段选择中对选择压进行合理分配，而且要在对性状间遗传关系准确把握的基础上制定合理的选种标准。肉鸡父系选育的基本程序如下所述。

1. 出雏选择

选留健雏，同时根据纯系要求对羽色、羽速等特征进行选择。

2. 早期体重选择

以前一般是在6周龄时根据体重、胸、腿测定等进行选择。由于育种的发展，父系6周龄体重已达2千克以上，而此时选种后再作限制饲养，对育种鸡生长期体重的控制不利，影响其繁殖性能。因此，应提前选种。一个合理的方法是固定选种体重，而不是固定选种时间，即以达到1.8千克体重的日龄作为本代的选种年龄。此时，根据本身的体重、胸肌发育、腿部结实度、趾形等作个体选择，同时对部分个体作屠宰测定，根据测定结果对产肉率和腹脂等作同胞选择，对死亡率作家系选择。这次选种的选择压最高，可达全部淘汰率的60%~80%。

3. 饲料转化率的选择

饲料转化率的直接选择现在越来越受重视。但由于测定个体饲料的消耗量费时费力，所以在实践中可以采用以下几条。

①以家系为单位集中饲养在小圈内，测定家系耗料量，然后对家系平均饲料转化率进行选择。

②按早期体重预选后，测定部分公鸡的阶段耗料量（单笼饲养），然后作选择。

4. 产蛋期前的选择

主要根据体型、腿结实度、趾形进行选择，淘汰不合格个体。

5. 公鸡繁殖力的选择

在25~28周龄，测定公鸡采精量、精液品质等；在平养时还要测定公鸡的交配频率，然后通过个体配种和孵化，测定公鸡的受精率，对公鸡进行选择；如发现有公鸡繁殖力很差的家系，则要将该家系的公鸡和母鸡全部淘汰；在测定受精率的孵化实验结束时，还可对孵化率和健雏率进行家系选择，淘汰表现差的家系。

6. 产蛋量测定

在肉鸡父系中一般不对产蛋量进行直接选择，但需要以家系为单位记录产蛋成绩。如发现因个别家系产蛋量下降而使父系平均产蛋量退化或达不到选育目标，也应淘汰这些家系，以保证增重和产蛋量之间的合理平衡。

7. 组建新家系、纯繁

一般可在30周龄左右组建新家系，公母比例为1：10左右。这样可在产蛋高峰收集种蛋，以便繁殖更多的后代，提高选择强度。

种蛋入孵前按蛋形指数和蛋重进行严格挑选，淘汰小蛋和崎形蛋。

二、母系选育

肉鸡母系的选育性状主要是早期增重速度和产蛋性能，其次是胸部发育、腿部结实度、趾形及精液品质、受精率等。其选育程序如下。

1. 出雏选择

选留健雏，同时根据纯系要求对羽色、羽速等进行选择。

2. 早期体重选择

母系体重选择时间也应在固定体重的基础上确定。由于母系鸡的生长速度比父系慢，所以其选择时间要晚一些，目前为6周龄。此时根据本身的体重、胸肌发育、腿部结实度、趾形等作个体选择。在选择公鸡时还要适当考虑其母亲及父亲同胞的产蛋性能。此次选择的淘汰率应占总淘汰率的50%～70%。

3. 产蛋期前的选择

主要根据体型、腿趾状况进行个体选择，淘汰不合格个体。

4. 产蛋性能测定与选择

母系选择中产蛋性能占有重要地位。因此，必须作准确的个体产蛋记录。产蛋测定在开产后持续12～15周，在40周龄以前结束。

此期间还要测蛋重及蛋品质。产蛋测定结束后，对母鸡按家系与个体成绩相结合进行选择，公鸡则按同胞产蛋成绩作选择。需要注意的是，肉鸡产蛋量的选择与蛋鸡有所不同，并非追求越高越好，而是注意保持与增重速度的协调发展。

5. 公鸡繁殖力的选择

在 25 周龄以后，测定公鸡的采精量、精液品质等，并通过孵化测定公鸡的受精率。结合自身的繁殖力和同胞的产蛋性能进行选择。

6. 组建新家系纯繁

在 40 周龄左右组建新家系，公母比例为 1∶10 左右。

个体配种后收集种蛋，作适当挑选后入孵，纯繁下一代育种群。

三、增重与产蛋量之间的平衡

肉鸡母系的选育是肉鸡育种中的难题，特别是在如何平衡协调早期增重速度与产蛋量这对负相关性状上，需要较高的技术水平和育种经验。

1. 早期增重速度选择方法的改进

对肉鸡母系的增重要求与父系不同，不是增重越快的鸡越好，而是要规定体重的上限，把增重最快的一部分鸡淘汰。这一点往往不被育种实践友们所接受。其实对于两个有矛盾的育种目标，选种的方法经常是折中的，即折中到一个最佳的平衡点，使其达到最大的经济效益。为此，即使淘汰某个性状最好的一部分鸡也在所不惜。简便实用的方法是，随机称重 100 只鸡，按体重大小的顺序排队，根据留种率和大体重鸡的淘汰率，可以大致确定留种鸡群体重的上限和下限。这种选择方法不但间接选择了产蛋性能，而且还直接选择了均匀度。

2. 肉鸡性能的后裔测定

在母鸡作产蛋性能测定的同时，可以同步繁殖一批肉仔鸡，在商品鸡生产条件下进行肉用性能的测定。这批后代可以是父系与母系杂交的后代，也可以是母鸡的纯繁后代。在对母系第一次按 6 周龄体重选择时，可放松选择压，待产蛋测定结束时再根据本身的体重、产蛋性能及后裔测定成绩进行综合选择，有可能选出增重速度与产蛋性能均较好的母系肉种鸡。

第七章　无公害肉鸡的疾病防治

第一节　传染病的防治

一、禽流感

禽流感（AI）又称欧洲鸡瘟或真性鸡瘟，是由 A 型流感病毒引起的一种急性、高度接触性和致病性传染病。该病毒不仅血清型多，而且自然界中带毒动物多、毒株易变异，这为禽流感病的防治增加了难度。禽类主要依靠水平传播，如空气、粪便、饲料和饮水等，禽流感病毒（AIV）在低温下抵抗力较强，故冬季和春季容易流行。

（一）临床症状和病理变化

1. 高致病型

防疫过的鸡群出现渐进式死亡，未防疫的鸡群出现突然死亡和高死亡率，可能未见到明显症状之前就已迅速死亡。喙发紫；窦肿胀、头部水肿和肉冠发绀、充血和出血。腿部也可见到充血和出血。邻近的水禽也出现死亡。体温升高，达 43℃，采食减退或不食，可能有呼吸道症状，如打喷嚏、窦炎、结膜炎、鼻分泌物增多，呼吸极度困难、甩头、严重的可致窒息死亡；冠和肉髯发绀，呈黑红色，头部及眼睑水肿、流泪、结膜炎；有的出现绿色下痢，蛋鸡产蛋明显下降，甚至绝产，蛋壳变薄、破蛋、沙皮蛋、软蛋、小蛋增多。有的腿充血。

病变为腹部皮下有黄色胶冻样浸润。全身浆膜、肌肉出血；心包液增多，呈黄色，心冠脂肪及腹壁脂肪出血；肝脏肿胀，肝小叶之间出血；气囊炎；口腔黏膜、腺胃、肌胃角质层及十二指肠出血；盲肠扁桃体出血、肿胀、突出表面；腺胃糜烂、出血，肌胃溃疡、出血。头骨、枕骨、软骨出血、脑膜充血；卵泡变性、输卵管退化、卵黄性腹膜炎、输卵管内有蛋清样分泌物；胰腺有点状白色坏死灶；个别鸡肌胃皮下出血。

2. 温和型

产蛋突然下降，蛋壳颜色变浅、变白；排白色稀粪，伴有呼吸道症状。胰脏有白色坏死点、卵泡变形、坏死。往往伴有卵黄性腹膜炎。

（二）防制

1. 加强对禽流感流行的综合控制

不从疫区或疫病流行情况不明的地区引种或调入鲜活禽产品。控制外来人员和车辆进入鸡场，确需进入则必须消毒；不混养畜禽；保持饮水卫生；粪尿污物无害化处理（家禽粪便和垫料堆积发酵或焚烧。堆积发酵不少于20天）；做好全面消毒工作。流行季节每天可用过氧乙酸、次氯酸钠等开展1~2次带鸡消毒和环境消毒，平时每2~3天带鸡消毒一次；病死禽不能在市场流通，进行无害化处理。

2. 免疫接种

某一地区流行的鸡流感只有一个血清型，接种单价疫苗是可行的，这样可有利于准确监控疫情。当发生区域不明确血清型时，可采用多价疫苗免疫。疫苗免疫后的保护期一般可达 6 个月，但为了保持可靠的免疫效果，通常每 3 个月应加强免疫 1 次。免疫程序：首免 5～15 日龄，每只 0.3 毫升，颈部皮下注射；二免 50～60 日龄，每只 0.5 毫升；三免开产前进行，每只 0.5 毫升；产蛋中期的 40～45 周龄可进行四免。

3. 发病后淘汰

发生禽流感后，严重影响肉鸡的生长，影响肉种鸡的产蛋和蛋壳质量，发生高致病性禽流感必须扑杀，发生低致病性的一般也没有饲养价值，也要淘汰。

二、新城疫

鸡新城疫（ND）俗名鸡瘟，是由副黏病毒引起的一种主要侵害鸡和火鸡的急性、高度接触性和高度毁灭性的疾病。临床上表现为呼吸困难、下痢、神经症状、黏膜和浆膜出血，常呈败血症。典型新城疫死亡率可达 90% 以上。该病不分品种、年龄和性别，均可发生。病鸡是此病的主要传染源。传播途径是消化道和呼吸道，污染的饲料、饮水、空气和尘埃以及人和用具都可传染此病。目前，出现非典型症状和病变、发病日龄越来越小、混合感染（与传染性法氏囊病毒、禽流感病毒、霉形体、大肠杆菌等混合感染）等特点。

（一）临床症状和病理变化

潜伏期 3～5 天。根据病程将此病分为典型和非典型两类。

1. 典型新城疫

体温升至 44℃ 左右，精神沉郁，垂头缩颈，翅膀下垂；鼻、口腔内积有大量黏液，呼吸困难，发出"咯咯"音；食欲废绝，饮水量增加；排出绿色或灰白色水样粪便，有时混有血液；冠及肉髯呈青紫色或紫黑色；眼半闭或全闭呈睡眠状；嗉囊充满气体或黏液，触之松软，从嘴角流出带酸臭味的液体；病程稍长，部分病鸡出现头颈向一则扭曲，一肢或两肢、一翅或两翅麻痹等神经症状。感染鸡的死亡率可达 90% 以上。

腺胃病变具有特征性，如腺胃黏膜水肿，乳头和乳头间有出血点或出血斑，严重时出现坏死和溃疡，在腺胃与肌胃，腺胃与食道交界处有出血带或出血点。肠道黏膜有出血斑点，盲肠扁桃体肿大、出血和坏死。心外膜、肺、腹膜均有出血点。母鸡的卵泡和输卵管严重出血，有时卵泡破裂形成卵黄性腹膜炎。

2. 非典型新城疫

幼龄鸡患病，主要表现为呼吸道症状，如呼吸困难，张口喘气，常发出"呼噜"音，咳嗽，口腔中有黏液，往往有摆头和吞咽动作，进而出现歪头、扭头或头向后仰，站立不稳或转圈后退，翅下垂或腿麻痹，安静时可恢复常态，还可采食，若稍遇刺激，又显现各种异常姿势，如此反复发作，病程可达 10天以上。死亡率一般为 30% ~ 60%。种鸡患病，主要表现为产蛋率降低，蛋壳质量差，部分鸡出现腹挥。病变常见腺胃乳头有少量出血点，肠道黏膜出血点也较少，坏死性变化少见。但盲肠扁桃体肿胀、出血较明显。

（二）防制

1. 加强饲养管理

做好鸡场的隔离和卫生工作，严格消毒管理，减少环境应激，减少疫病传播机会，增强机体的抵抗力。控制好其他疾病的发生，如传染性法氏囊病、鸡痘、霉形体、大肠杆菌病、传染性喉气管炎和传染性鼻炎的发生。

2. 科学免疫接种

首次免疫至关重要，首免时间要适宜。最好通过检测母源抗体水平或根据种鸡群免疫情况来确定。没有检测条件的一般在 7~10 日龄首次免疫；首免可使用弱毒活苗（如Ⅱ系、Ⅳ系、克隆-30 苗）滴鼻、点眼。由于新城疫病毒毒力变异，可以选用多价的新城疫灭活苗和弱毒苗配合使用，效果更好。有的 1 日龄雏鸡用"活苗+灭活苗"同时免疫，能有效地克服母源抗体的干扰，使雏鸡获得可靠的免疫力，免疫期可达 90 天以上。

3. 发生新城疫时可采取的措施

（1）隔离饲养，紧急消毒　一旦发生此病，采取隔离饲养措施，防止疫情扩大；对鸡舍和鸡场环境以及用具进行彻底地消毒，每天进行 1~2 次带鸡消毒；垃圾、粪污、病死鸡和剩余的饲料进行无害化处理；不准病死鸡出售流通；病愈后对全场进行全面彻底消毒。

（2）紧急免疫或应用血清及其制品　发病肉鸡用克隆-30 或Ⅰ系苗进行滴鼻或紧急免疫注射，同时加入疫苗保护剂和免疫增强剂提高效果。若为强毒感染，则应按重大疫情发生后的方法处理；或在发病早期注射抗 ND 血清、卵黄抗体（2~3 毫升/千克体重），可以减轻症状和降低死亡率；还可注射由高免卵黄液透析、纯化制成的抗 NDV 因子进行治疗，以提高鸡体免疫功能，清除进入体内的病毒。

（3）ND 的辅助治疗　紧急免疫接种 2 天后，连续 5 天应用病毒灵、病毒唑、恩诺沙星或中草药制剂等药物进行对症辅助治疗，以抑制 NDV 繁殖和防止继发感染。同时，在饲料中添加蛋白质、多维素等营养物质饮水中添加黄芪多糖，以提高鸡体非特异性免疫力。与大肠杆菌或支原体等病原混合感染时的辅助治疗方案：清瘟败毒散或瘟毒速克拌料 2 500 克/1 000 千克，连用 5 天；四环素类（强力霉素 1 克/10 千克或新强力霉素 1 克/10 千克）饮水或支大双杀混饮（100 克/300 千克水）连用 3 ~ 5 天；同时水中加入速溶多维饮水。

三、传染性法氏囊炎

鸡传染性法氏囊炎也称鸡传染性法氏囊病（IBD），是由传染性法氏囊病毒（属于双链核糖核酸病毒属）感染引起雏鸡发生的一种急性、接触性传染病。3 ~ 6 周龄鸡最易感，成年鸡一般呈阴性经过。发病突然，发病率高，呈特征性的尖峰式死亡曲线，痊愈也快。病鸡和阴性感染的鸡是该病的主要传染来源。通过被污染的饲料、饮水和环境传播，也能通过呼吸道、消化道、眼结膜高度接触传染。主要特征是腹泻，厌食，震颤和重度虚弱，法氏囊肿大、出血，骨骼肌出血，肾小管尿酸盐沉积。易引起免疫抑制而并发和继发其他疾病。

（一）临床症状和病理变化

此病的潜伏期 2 ~ 3 天。特点是幼雏突然大批发病。有些病鸡在病的初期排粪时发生努责，并啄自己的肛门，随后出现羽毛松乱，低头沉郁，采食减少或停食，畏寒发抖，嘴插入羽毛中，紧靠热源旁边或拥挤、扎堆在一起。病鸡多在感染后第 2 ~ 3 天排出特征性的白色水样粪便，肛门周围的羽毛被粪便污染。病鸡的体温可达 43℃，有明显的脱水、电解质失衡、极度虚弱、皮肤干燥等症状。该病将在暴发流行后，转入不显任何症状的隐性感染状态，称为亚临床型。该型炎症反应轻，死亡率低，不易被人发现，但由于产生的免疫抑制严重，所以危害性大，造成的经济损失更为严重。

特征性的病变是感染 2~3 天后法氏囊的颜色变为淡黄色，浆膜水肿，有时可见黄色胶冻样物，严重时出血明显，个别法氏囊呈紫黑色，切开后，常见黏膜皱褶有出血点、出血斑，也常见有奶油状物或黄色干酪状物栓塞。此时法氏囊要比正常的肿大 2~3 倍，感染 4 天后法氏囊开始缩小（萎缩），其颜色变为白陶土样。感染 5 日后法氏囊明显萎缩，仅为正常法氏囊的 1/10~1/5。此时呈蜡黄色。病鸡的腿部、腹部及胸部肌肉有出血条纹和出血斑，胸腺肿胀出血，肾脏肿胀呈褐红色，尿酸盐沉积明显。腺胃的乳头周围充血、出血。泄殖腔黏膜出血。盲肠扁桃体肿大、出血。脾脏轻度肿大，表面有许多小的坏死灶。肠内的黏液增多，腺胃和肌胃的交界处偶有出血点。

（二）防制

1. 加强饲养管理和环境消毒工作

平时给鸡群以全价营养饲料，密度适当，通风良好，温度适宜，增进鸡体健康。实行全进全出的饲养制度，认真做好清洁卫生和消毒工作，减少和杜绝各种应激因素的刺激等，对防止该病发生和流行具有十分重要的作用。在消毒方面可采用 2% 火碱、0.3% 次氯酸钠、0.2% 过氧乙酸、1% 农福、复合酚消毒剂以及 5% 甲醛等喷洒，最后用甲醛熏蒸（40 毫升/立方米）消毒。在有鸡的情况下可用威岛牌消毒剂、过氧乙酸、复合酚消毒剂或农福带鸡消毒。

2. 免疫接种

该病至今尚无特效的治疗方法，采用活疫苗与灭活疫苗免疫接种是防治法氏囊病的主要方法。

（1）种鸡的免疫接种　雏鸡在 10~14 日龄时用活苗首次免疫，10 天后进行第二次饮水免疫，然后在 18~20 周龄和 40~42

周龄用灭活苗各免疫 1 次。

（2）商品肉仔鸡　肉仔鸡在 10～14 日龄时进行首次饮水免疫，隔 10 天进行 2 次饮水免疫。

3. 发病后的措施

（1）搞好饲养管理　保持适宜的温度（气温低的情况下适当提高舍温）；每天带鸡消毒；适当降低饲料中的蛋白质含量。

（2）注射高免卵黄　20 日龄以下 0.5 毫升/只；20～40 日龄 1.0 毫升/只；40 日龄以上 1.5 毫升/只。病重者注射 2 次。与新城疫混合感染，注射含有新城疫和法氏囊抗体的高免卵黄。

（3）水中加入硫酸安普霉素（1 克/2～4 千克）或强效阿莫仙（1 克/10～20 千克）或杆康、普杆仙等复合制剂防治大肠杆菌；并加入肾宝、肾肿灵或肾可舒等消肿、护肾保肾；加入溶速维。另外中药制剂囊复康、板兰根治疗也有一定疗效。

四、传染性支气管炎

传染性支气管炎（IB）是由鸡传染性支气管炎病毒（IBV，属于冠状病毒属）引起的一种急性高度接触性呼吸道传染病。该病传播迅速，各种年龄的鸡均可感染发病，尤以 10～21 日龄的雏鸡最易感。雏鸡的病死率为 25%～90%。6 周龄以上的鸡很少死亡。外环境过冷、过热、通风不畅、营养不良，特别是维生素和矿物质缺乏都可促使该病的发生。病鸡和康复后的带毒鸡是此病的传染来源。病鸡可从呼吸道排出病毒，通过空气飞沫传播，也可经蛋传播。临床特征是咳嗽，打喷嚏，气管、支气管啰音；蛋鸡产蛋量下降，质量变差，肾脏肿大，有尿酸盐沉积。

（一）临床症状和病理变化

1. 呼吸型

突然出现有呼吸道症状的病鸡并迅速波及全群为该病特征。5周龄以下的雏鸡几乎同时发病，流鼻液、鼻肿胀；流泪、咳嗽、气管啰音、打喷嚏、伸颈张口喘息；病鸡羽毛松乱、怕冷、很少采食；个别鸡出现下痢；成年鸡主要表现轻微的呼吸症状和产蛋下降，产软蛋、畸形蛋、粗壳蛋，蛋清如水样，没有正常鸡蛋那种浓蛋白和稀蛋白之间的明确分界线，蛋白和蛋黄分离以及蛋白黏着于蛋壳膜上。雏鸡感染IBV，可造成输卵管永久性损坏。当支气管炎性渗出物形成干酪样栓子堵塞气管时，因窒息可导致死亡。

气管、鼻道和窦中有浆液性、卡他性和干酪样渗出物。在死亡雏鸡的气管中可见到干酪样栓子；气囊混浊、增厚，或有干酪样渗出物，鼻腔至咽部有浓稠黏液，产蛋鸡卵泡充血、出血、变性，腹腔内有大量卵黄浆，雏鸡输卵管萎缩、变形、缩短。

2. 肾型

多发于20～50日龄的幼鸡，主要继发于呼吸型支气管炎，精神沉郁，迅速消瘦，厌食、饮水量增加、排灰白色稀粪或白色淀粉样糊状粪便。可引起肾功能衰竭导致中毒和脱水而死亡。

肾肿大、苍白、肾小管和输尿管充满尿酸盐结晶，并充盈扩张，呈花斑状，泄殖腔内有大量石灰样尿酸盐沉积。法氏囊、泄殖腔黏膜充血，充满胶样物质。肠黏膜充血，呈卡他性肠炎，全身血液循环障碍而使肌肉紫绀，皮下组织因脱水而干燥，呈火烧样。输卵管上皮受病毒侵害时可导致分泌细胞减少和局灶性组织阻塞、破裂、造成继发性卵黄性腹膜炎等。感染IB后的鸡，特别在育雏阶段会造成输卵管的永久性损伤；开产前 20 天左右的鸡，会造成输卵管发育受阻，输卵管狭小、闭塞、部分缺损、囊泡化，到性成熟时，长度和重量尚不及正常成熟鸡的 $1/3 \sim 1/2$，进而影响以后的产蛋，有的鸡甚至不能产蛋。

3. 腺胃型

初期一般不易发现，食欲下降、精神不振、闭眼、耷翅或羽毛蓬乱、生长迟缓。苍白消瘦、采食和饮水急剧下降，排黄色或绿色稀粪，粪便中有未消化或消化不良的饲料；流泪、肿眼、严重者导致失明。发病中后期极度消瘦，衰竭死亡。有的有呼吸道症状。发病后期鸡群表现发育极不整齐，大小不均。病鸡为同批正常鸡的 $1/3 \sim 1/2$，病鸡出现腹泻，不食，最后由于衰弱而死亡。

病鸡或死鸡，外观极为消瘦。剖解后可见皮下和肠壁几乎没有脂肪；腺胃极度肿胀，肿大如球状，腺胃壁可增厚 $2 \sim 3$ 倍，胃黏膜出血、溃疡，腺胃乳头平整融合，轮廓不清，可挤出脓性分泌物，个别鸡腺胃乳头有出血，肌胃角质膜有的出现溃疡、胰腺肿大、出血，盲肠扁桃体肿大、出血，十二指肠黏膜出血，空肠和直肠及泄殖腔黏膜有不同程度的出血。有的鸡肾脏肿大，肾脏和输尿管有白色尿酸盐沉积。

（二）防治

该病迄今尚无特效药物治疗，必须认真做好预防工作。

1. 加强饲养管理

搞好鸡舍内外卫生和定期消毒工作。鸡舍，饲养管理用具，运动场地等要经常保持清洁卫生，实施定期消毒，严格执行隔离病鸡等防制措施。注意调整鸡舍的温度，避免过挤，注意通风换气。对病鸡要喂给营养丰富且易消化的饲料。

2. 杜绝通过种蛋传染此病

孵化用的种蛋，必须来自健康鸡群，并经过检疫证明无病原污染的，方可入孵。

3. 定期接种

种鸡在开产前要接种传染性支气管炎油乳苗。肉仔鸡 7 ~ 10 日龄使用传染性支气管炎弱毒苗（$H_1$20）点眼滴鼻，间隔 2 周再用传染性支气管炎弱毒苗（$H_5$2）饮水；或若有其他类型在本地区流行，可在 7 ~ 10 日龄使用传染性支气管炎弱毒苗（$H_1$20）点眼滴鼻，同时注射复合传染性支气管炎油乳苗。

4. 发病后的措施

（1）注射高免卵黄　鸡群中一旦发生此病，应立即采用高免蛋黄液对全群进行紧急接种或饮水免疫，对发病鸡的治疗和未发病鸡的预防都有很好的作用。为巩固防治效果，经 24 小时后可重复用药 1 次，免疫期可达 2 周左右。10 天后普遍接种 1 次疫苗，间隔 50 天再接种 1 次，免疫期可持续 1 年。

（2）药物治疗　饲料中加入 0.15% 的病毒灵 + 支喉康（或咳喘灵）拌料，连用 5 天，或用百毒唑（内含病毒唑、金刚乙胺、增效因子等）饮水（10 克/100 千克水），麻黄冲剂 100 克/100 千克样料；饮水中加入肾肿灵或肾消丹等利尿保肾药物 5 ~ 7 天；饮水中加入速溶多维或维康等缓解应激，提高机体抵抗力。同时要加强环境和鸡舍消毒，雏鸡阶段和寒冷季节要提高舍内温度。

五、禽脑脊髓炎

鸡传染性脑脊髓炎（AE）俗称流行性震颤，是一种主要侵害雏鸡的病毒性传染病，以共济失调和头颈震颤为主要特征。

该病毒可以引起各种年龄的鸡发病，但以 1~3 周龄的雏鸡最易感。雏鸡的发病率一般是 10%~20%，最高可达 60%。死亡率平均为 10% 左右。

（一）临床症状和病理变化

发病时全身震颤，眼神呆滞，接着出现进行性共济失调，驱赶时易发现。走路不稳，常蹲伏，驱赶时不能控制速度和步态，摇摆移动，用跗关节或小腿走动，最后倒于一侧。有时可暂时恢复常态，但刺激后再度发生震颤，病鸡最后因不能采食和饮水而衰竭死亡，死亡率可达 15%~35%。

剖检病雏时可见有肝脏脂肪变性，脾脏肿大及轻度肠炎，组织学检查，可见有一种非化脓性的脑脊髓炎病变，尤其在小脑、延脑和脊髓的灰质中比较明显。主要是神经细胞的变性，血管周围的淋巴细胞浸润。在脑干、延脑和脊髓的灰质中见有神经胶质细胞增生，从小脑的颗粒层进入分子层，胶质细胞增生为典型病变。

（二）防制

该病在治疗上尚无特效药物。雏鸡发病，一般是将发病鸡群扑杀并作无害化处理。

预防该病的关键措施是对种鸡进行免疫，利用通过种蛋传给雏鸡的母源抗体可以保护雏鸡在 8 周左右前不患此病。①活毒疫苗。一种用 1143 毒株制成的活苗，可通过饮水法接种，鸡接种疫苗后 1~2 周排出的粪便中能分离出脊髓炎病毒，这种疫苗可通过自然扩散感染，且具有一定的毒力，对免疫日龄要求严格，应在 10 周龄至开产前 4~5 周接种疫苗，因为接种后 4 周内所产的蛋不能用于孵化，否则容易垂直传播引起子代发病；一种活毒疫苗常与鸡痘弱毒疫苗制成二联苗，一般于 10 周龄以上至开产前 4 周之间进行翼膜刺种。

②灭活疫苗。用野毒或鸡胚适应毒接种 SPF 鸡胚，取其病料灭活制成油乳剂疫苗。这种疫苗安全性好，接种后不排毒、不带毒，特别适用于无脑脊髓炎病史的鸡群。可于种鸡开产前 18 ~ 20 周接种。

六、禽痘

禽痘（FP）是由禽痘病毒引起的一种急性传染病。该病主要感染鸡，主要通过接触传染，脱落和碎散的痘痂是病毒散布的主要形式，一般需经损伤的皮肤和黏膜而感染。蚊子和体表寄生虫可传播此病。一年四季均可发病，但在春秋两季和蚊虫活跃的季节最易流行。夏秋多为皮肤型，冬季较少，多为白喉型。

（一）临床症状和病理变化

该病分为皮肤型、白喉型（黏膜型）、眼鼻型及混合型四种病型。

1. 皮肤型

是最常见的病型，病鸡冠、髯、眼皮、耳球、喙角等部位起初出现麸皮样覆盖物，继而形成灰白色小结节，很快增大，略发黄，相互融合，最后变为棕黑色痘痂，剥去痂块可露出出血病灶。病鸡精神沉郁，食欲不振，产蛋减少，如无并发症，病鸡很少死亡。

皮肤型鸡痘的特征性病变是局灶性表皮和其下层的毛囊上皮增生，形成结节。结节起初表现湿润，后变为干燥，外观呈圆形或不规则形，皮肤变得粗糙，呈灰色或暗棕色。结节干燥前切开切面出血、湿润，结节结痂后易脱落，出现瘢痕。

2. 白喉型（黏膜型）

病鸡最初流鼻液，有的流泪，经 2～3 天，在口腔和咽喉膜上出现灰黄白色小斑点，很快扩展，相互融合在一起，气管局部见有干酪样渗出物。由于呼吸道被阻塞，病鸡常常因窒息而死。此型鸡痘可致大量鸡死亡，死亡率可达 20%～40%。

黏膜型鸡痘病变出现在口腔、鼻、咽、喉、眼或气管黏膜上。黏膜表面稍微隆起白色结节，以后迅速增大，并常融合而成黄色、奶酪样坏死的伪白喉或白喉样膜，将其剥去可见出血糜烂，炎症蔓延可引起眶下窦肿胀和食管发炎。

3. 眼鼻型

病鸡眼鼻起初流稀薄液体，逐渐浓稠，眼内蓄积豆渣样物质，使眼皮胀起，严重的失明。此型很少单独发生，往往伴随白喉型发生。

4. 混合型

鸡群发病兼有皮肤型和黏膜型表现。该病若有继发感染，损失较大。尤其是当鸡在 40～80 日龄时发病，常见诱发产白壳蛋、白羽型鸡种和肉鸡的葡萄球菌病。

（二）防制

1. 预防措施

鸡痘的预防，除了加强鸡群的卫生、管理等一般性预防措施之外，可靠的办法是使用鸡痘鹌鹑化弱毒疫苗接种。多采用翼翅刺种法。第一次免疫在 10～20 天，第二次免疫在 90～110 天，刺种后 7～10 天观察刺种部位有无痘痂出现，以确定免疫效果。生产中可以使用连续注射器翼部内侧无血管处皮下注射 0.1 毫升疫苗，方法简单确切。有报道肌内注射鸡痘疫苗，保护率只有60%左右。

2. 发病后的措施

（1）对症疗法　目前，尚无特效治疗药物，主要采用对症疗法，以减轻病鸡的症状和防止并发症。皮肤上的痘痂，一般不作治疗，必要时可用清洁镊子小心剥离，伤口涂碘酒、红汞或紫药水。对白喉型鸡痘，应用镊子剥掉口腔黏膜的假膜，用1%高锰酸钾洗后，再用碘甘油或氯霉素、鱼肝油涂擦。病鸡眼部如果发生肿胀，眼球尚未发生损坏，可将眼部蓄积的干酪样物排出，然后用2%硼酸溶液或1%高锰酸钾冲洗干净，再滴入5%蛋白银溶液。剥下的假膜、痘痂或干酪样物都应烧掉，严禁乱丢，以防散毒。

（2）紧急接种　发生鸡痘后也可视鸡日龄的大小，紧急接种新城疫Ⅰ系或Ⅳ系疫苗，以干扰鸡痘病毒的复制，达到控制鸡痘的目的。

（3）防止继发感染　发生鸡痘后，由于痘斑的形成造成皮肤外伤，这时易继发引起葡萄球菌感染，而出现大批死亡。所以，大群鸡应使用广谱抗生素（如0.005%环丙沙星或培福沙星、恩诺沙星或0.1%氯霉素）拌料或饮水，连用5~7天。

第二节　寄生虫病的防治

一、鸡球虫病

鸡球虫病是一种或多种球虫寄生于鸡肠道黏膜上皮细胞内引起的一种急性流行性原虫病。球虫病是鸡常见且危害十分严重的寄生虫病，它常常造成严重的经济损失。雏鸡的发病率和致死率均较高。病愈的雏鸡生长受阻，增重缓慢；成年鸡多为带虫者，但增重和产蛋能力降低。

病鸡是主要传染源，苍蝇、甲虫、蟑螂、鼠类和野鸟都可以成为机械传播媒介。凡被带虫鸡污染过的饲料、饮水、土壤和用具等，都有卵囊存在。鸡吃入感染性卵囊就会引发球虫病。各个品种的鸡对球虫均有易感性，15~50 日龄的鸡发病率和致死率都较高，成年鸡对球虫有一定的抵抗力。11~13 日龄内的雏鸡因有母源抗体保护，极少发病。饲养管理条件不良，鸡舍潮湿、拥挤，卫生条件恶劣时，最易发病。在潮湿多雨、气温较高的梅雨季节易发。

（一）临床症状和病理变化

病鸡精神沉郁，羽毛蓬松，头蜷缩，食欲减退，嗉囊内充满液体，鸡冠和可视黏膜贫血、苍白，逐渐消瘦，病鸡常排红色胡萝卜样粪便，若感染柔嫩艾美耳球虫，开始时粪便为咖啡色，以后变为完全的血粪，如不及时采取措施，致死率可达 50% 以上。若多种球虫混合感染，粪便中带血液，并含有大量脱落的肠黏膜。

病鸡消瘦，鸡冠与黏膜苍白，内脏变化主要发生在肠管，病变部位和程度与球虫的种别有关。柔嫩艾美耳球虫主要侵害盲肠，两支盲肠显著肿大，可为正常的 3~5 倍，肠腔中充满凝固的或新鲜的暗红色血液，盲肠上皮变厚，有严重的糜烂。毒害艾美耳球虫损害小肠中段，使肠壁扩张、增厚，有严重的坏死；在裂殖体繁殖的部位，有明显的淡白色斑点，黏膜上有许多小出血点；肠管中有凝固的血液或有胡萝卜色胶冻样内容物。巨型艾美耳球虫损害小肠中段，可使肠管扩张，肠壁增厚；内容物黏稠，呈淡灰色、淡褐色或淡红色。堆型艾美耳球虫多在上皮表层发育，并且同一发育阶段的虫体常聚集在一起，在被损害的肠段出现大量淡白色斑点。哈氏艾美耳球虫损害小肠前段，肠壁上出现针尖大小的出血点，黏膜有严重的出血。若多种球虫混合感染，则肠管粗大，肠黏膜上有大量的出血点，肠管中有大量的带有脱落的肠上皮细胞的紫黑色血液。

（二）防制

1. 加强饲养管理

保持鸡舍干燥、通风和鸡场卫生，定期清除粪便，堆放发酵以杀灭其中的卵囊。保持饲料、饮水清洁，笼具、料槽、水槽定期消毒，一般每周一次，可用沸水、热蒸气或3%~5%热碱水等处理。据报道，用球杀灵和1：200的农乐溶液消毒鸡场及运动场，均对球虫卵囊有强大杀灭作用。每千克日粮中添加0.25~0.5毫克砸可增强鸡对球虫的抵抗力。补充足够的维生素K和给予3~7倍推荐量的维生素A可加速鸡患球虫病后的康复。成年鸡与雏鸡分开喂养，以免带虫的成年鸡散播病原导致雏鸡暴发球虫病。

2. 药物防制

球痢灵，每千克饲料中加入0.2克球痢灵，或配成0.02%的水溶液，饮水3~4天。磺胺-6-甲氧嘧啶（SMM）和抗菌增效剂（三甲氧苄胺嘧啶"TMP"或二甲氧苄胺嘧啶"DVD"），将上述两种药剂按5：1的比例混合后，以0.02%的浓度混于饲料中，连用不得超过7天。百球清（甲基三嗪酮）口服液，2.5%口服液做1 000倍稀释，饮水1~2天效果较好。

3. 药物预防程序

因球虫的类型多，易产生抗药性，应间隔用药或轮换用药。

球虫病的预防用药程序：雏鸡从 13～15 日龄开始，在饲料或饮水中加入预防用量的抗球虫药物，一直用到上笼后 2～3 周停止，选择 3～5 种药物交替使用，效果良好。

二、鸡蛔虫病

鸡蛔虫病是由禽蛔属的鸡蛔虫（是鸡和火鸡消化道中最大的一种线虫。虫体呈黄白色，表皮有横纹，头端有 3 片唇）寄生于鸡的小肠引起的一种寄生虫病，该病广泛分布于世界各地，在我国鸡蛔虫病也是最常见的一种寄生虫病。在大群饲养的情况下，尤其是地面饲养的鸡群，感染十分严重，影响肉鸡的生长发育、产蛋鸡的产蛋率，甚至引起大批死亡，给养鸡业造成巨大经济损失。

鸡蛔虫卵对外界环境因素和常用消毒剂抵抗力很强，在阴凉、潮湿的地方，可存活很长时间；在土壤内一般可保持 6 个月的生活力；在 9～10℃ 较低温度的条件下，虫卵发育停止，但不死亡。但其对干燥和高温的抵抗力较差，尤其是在直射阳光下、水中煮沸和粪便堆沤的情况下，可迅速被杀死。健康鸡主要是吞食了被感染性虫卵污染的饲料和饮水而感染，在地面饲养的鸡也可因啄食了体内带有感染性虫卵的蚯蚓而感染。不同品种和不同年龄的鸡均有易感性，但不同品种和不同年龄的鸡的易感性不同。肉用品种较蛋用品种易感性低，本地品种较外来品种抵抗力强；饲养管理条件与鸡群的易感性紧密相关，饲喂全价日粮的鸡群抗感染的能力强，其发病率较低，病情也较缓和；饲料单一或饲料配制不合理，营养不完全，缺乏蛋白质、维生素或微量元素等，可使鸡的抵抗力下降，易感性增强，发病率较高，病情也较严重，甚至引起大批死亡。

该病的发生以秋季和初冬为多，春季和夏季则较少。感染率和感染强度与饲养方式和饲养管理水平密切相关。地面饲养，尤其是将饲料撒于地上让鸡采食，饮水不卫生，其感染率和感染强度较高；反之，将鸡饲养于网栅上，饲料放置于料槽中，以饮水器供给清洁的饮水的鸡群，其发病率和感染强度则明显较低。

（一）临床症状和病理变化

雏鸡表现生长发育缓慢，精神不佳，行动迟缓，双翅下垂，羽毛松乱，呆立不动，鸡冠、肉髯、眼结膜苍白、贫血。消化机能障碍，食欲减退，下痢和便秘交替，有时粪中带有血液，有时还可见随粪便排出的虫体，鸡逐渐衰竭而死亡。成年鸡多为轻度感染，不表现症状。感染强度较大时，表现为下痢，产蛋量下降和贫血等。剖检时发现大量虫体。

（二）防制

1. 严格饲养管理

不同周龄的鸡要分舍饲养，并使用各自的运动场，以防止蛔虫病的传播；鸡舍和运动场应每天清扫、更换垫料，料槽和饮水器每隔 1~2 周应以开水进行消毒一次；在蛔虫病流行的鸡场，每年应进行 2~3 次定期的预防性驱虫。雏鸡到两个月龄时的第一次驱虫，以后每 4 个月驱虫一次。

2. 发病后治疗

治疗鸡蛔虫病的药物很多。伊维菌素预混剂（按伊维菌素计）200~300 微克/千克体重，全群拌料混饲，1 次/天，连用5~7 天。阿苯达唑预混剂（按阿苯达唑计）10~20 毫克/（千克体重·次），全群拌料混饲，必要时可隔 1 天再内服 1 次。盐酸左旋咪唑可溶性粉（按盐酸左旋咪唑计）25 毫克/（千克体重·次），全群加水混饮。一般 1 次即可。

三、组织滴虫病

组织滴虫病又称黑头病，是由组织滴虫属的火鸡组织滴虫（为多形态性虫体，大小不一，呈不规则圆形或变形虫样，伪足钝圆）寄生于禽类盲肠和肝脏引起的一种原虫病。该病以肝脏坏死和盲肠溃疡为特征，故许多动物医学工作者将该病称为盲肠肝炎。鸡组织滴虫病在我国虽呈零星散发，但却是各地普遍发生的常见原虫病。

鸡的易感性都随着年龄而发生变化，4～6 周龄的鸡易感性最高。成年禽的易感性则较低，发生感染时，病情一般较轻，临床症状也不明显。病禽和带虫禽是传染源，它们随粪便不断排出组织滴虫污染环境。组织滴虫非常脆弱，随粪便排出很快即发生死亡。组织滴虫的连续存在与异刺线虫和大量存在于鸡场土壤中的蚯蚓密切相关。当同一鸡体内同时存在有异刺线虫和组织滴虫时，后者可侵入异刺线虫的卵内，并随之排出体外。组织滴虫得到异刺线虫卵壳的保护，而不受外环境因素的损害而死亡。当鸡摄入这种虫卵时，即可同时感染异刺线虫和组织滴虫。同时，蚯蚓也可吞食土壤中的鸡异刺线虫感染性虫卵，组织滴虫随虫卵进入蚯蚓体内，并进行孵化，新孵出的幼虫在组织内发育到侵袭期幼虫阶段，鸡摄食这种蚯蚓时，便可感染组织滴虫病。蚯蚓在疾病的发生和传播中起着从养鸡场环境中收集、传递异刺线虫虫卵，保护异刺线虫幼虫和组织滴虫的作用。

（一）临床症状和病理变化

组织滴虫病的潜伏期为 7～12 天，最短的只有 5 天。病鸡食欲减退或废绝，消化机能障碍，羽毛松乱无光，两翅下垂，恶寒，下痢，排淡黄色或淡绿色粪便。生长发育迟缓，鸡体消瘦，精神沉郁，严重时粪便带血，甚至排出大量血液。末期，一些病鸡因血液循环障碍，鸡冠呈暗黑色，因而有"黑头病"之称。最终可因极度衰竭而发生死亡。病程一般为1~3周，大多数鸡可逐渐耐过而康复，但康复鸡的体内仍存在组织滴虫，带虫状态可达数周至数月。成年鸡很少出现临床症状。

剖检可见一侧或两侧盲肠发生病变，盲肠肠壁增厚、充血，肠腔内充满浆液性或出血性渗出物，使肠腔扩张，渗出物常发生干酪化，形成干酪样的渗出物或坏疽块堵塞整个盲肠。虫体多见于黏膜固有层，有时盲肠壁穿孔，引起腹膜炎，即与邻近器官发生粘连。肝脏肿大，呈紫褐色，表面散在分布有许多黄豆至蚕豆大的坏死灶，坏死灶边缘稍隆起，中央下陷。

（二）防制

1. 严格饲养管理

同一鸡舍内不得同时饲养雏鸡和成鸡，不同周龄的鸡必须分舍饲养，鸡舍应每天清扫、更换垫料，并进行消毒；同一鸡场内不得同时饲养鸡和火鸡，以避免组织滴虫病的相互传播；放养鸡群的牧场、运动场应定期以杀虫剂（如精制敌百虫、二嗪农、溴氰菊酯、氟胺氰菊酯等）喷洒，以杀灭收集、传递异刺线虫虫卵和组织滴虫的蚯蚓。

2. 发病后治疗

治疗组织滴虫病的药物很多。二甲硝咪唑预混剂（按二甲硝咪唑计），1 000千克饲料中加入500克，混合均匀后，全群混饲，连续应用3~5天。甲硝唑（灭滴灵）250克混入1 000千克饲料中，全群混饲，连续应用5~7天。

四、住白细胞原虫病

鸡住白细胞原虫病是血孢子虫亚目的住白细胞原虫引起的急性或慢性血孢子虫病，又叫鸡白冠病、鸡出血性病。该病多发生在炎热地区或炎热季节，常呈地方性流行，对雏鸡危害严重，常引起大批死亡。该病的发生有明显的季节性，北京地区一般在7~9月份发生流行。3~6周龄的雏鸡发病率高，死亡率可达到10%~30%。成鸡的死亡率是5%~10%。感染过的鸡有一定的免疫力，一般无症状，也不会死亡。未感染过的鸡会发病，出现贫血，产蛋率明显下降，甚至停产。

（一）临床症状和病理变化

病雏伏地不动，食欲消失，鸡冠苍白。腹泻，粪便青绿色。脚软或轻瘫。产蛋鸡产蛋减少或停产，病程可长达1个月。病死鸡的病理变化是口流鲜血，冠白，全身性出血（皮下、胸肌、腿肌有出血点或出血斑，各内脏器官广泛出血，消化道也可见到出血斑点），肌肉及某些内脏器官有白色小结节，骨髓变黄。

（二）防制

1. 杀灭媒介昆虫

在6~10月份流行季节对鸡舍内外喷药消毒，如用0.03%的蝇毒磷进行喷雾杀虫。也可先喷洒0.05%除虫菊酯，再喷洒0.05%百毒杀，既能抑杀病原微生物，又能杀灭库蠓等有害昆虫。消毒时间一般选在傍晚18:00~20:00，因为库蠓在这一段时间最为活跃。如鸡舍靠近池塘，屋前、屋后杂草矮树较多，且通风不良时，库蠓繁殖较快，因此建议在6月份之前在鸡舍周围喷洒草甘膦除草，或铲除鸡舍周围杂草。同时要加强鸡舍通风。

2. 药物预防

鸡住白细胞原虫的发育史为 22 ~ 27 天，因此可在发病季节前 1 个月左右，开始用有效药物进行预防，一般每隔 5 天，投药 5 天，坚持 3 ~ 5 个疗程，这样比发病后再治疗能起到事半功倍的效果，常用有效药物有复方泰灭净 30 ~ 50 毫克/千克混饲、痢特灵粉 100 毫克/千克拌料、乙胺嘧啶 1 毫克/千克混饲、磺胺喹恶啉 50 毫克/千克混饲或混水，或用可爱丹（主要成分是氯羟吡啶）125 毫克/千克混饲。

3. 常用的治疗药物

复方泰灭净，按 100 毫克/千克混水或按 500 毫克/千克混料，连用 5 ~ 7 天。血虫净，按 100 毫克/千克混水，连用 5 天。氯苯胍，按 66 毫克/千克混料，连用 3 ~ 5 天。选用上述药物治疗，病情稳定后可按预防量继续添加一段时间，以彻底杀灭鸡体中的虫体。

第三节　营养代谢病的防治

一、肉鸡腹水综合征

肉鸡腹水综合征是危害快速生长幼龄肉鸡的以浆液性液体过多地聚集在腹腔，右心扩张肥大，肺部淤血、水肿和肝脏病变为特征的非传染性疾病。

（一）病因

任何使机体缺氧，引起需氧量增加的因素均可引起肺动脉高压，进而引发腹水症。另外，引起心、肝、肺等实质性器官损害的一些因子也可诱发肉鸡腹水症。

1. 遗传因素

遗传选育只注重肉鸡生长性能的提高，忽视了心肺功能的改善。由于快速生长的肉鸡对能量和氧的需求量大，且可自发地发生肺动脉高压，较大的红细胞在肺毛细血管内不能畅流，影响肺部灌注，导致肺动脉高压及右心衰竭。

2. 环境因素

环境因素包括海拔、温度、通风、舍内空气新鲜程度等。高海拔地区，空气稀薄，氧分压低，容易导致慢性缺氧；肉鸡饲养过程中需要较高的温度，在冬天气候寒冷，为保温而关闭门窗，使通风量减少，舍内有毒气体增多和尘埃积聚，使氧浓度降低，或使用加温装置使舍内一氧化碳含量过高，造成机体相对缺氧。肉鸡机体组织生长过速，但心脏能力增强缓慢，二者不平衡而加剧缺氧程度，在不良环境下的长期慢性缺氧而导致腹水。

3. 饲料因素

肉鸡生产中饲喂高能量、高蛋白的日粮，由于消耗过多能量，需氧量增多而导致相对缺氧。喂颗粒饲料的肉鸡采食量大，但需氧量也增多以及喂高蛋白或高油脂等饲料等都可引起腹水症。

4. 管理因素

饲养密度过大，代谢产热过多，垫料粪污未能及时清除，陌生人入舍参观及异常声响对肉鸡的应激等均可导致小环境条件发生缺氧变化而引起腹水症。

5. 疾病因素

肉鸡肺脏小，但却连接着很多气囊，并充斥于身体各部，甚至进入骨腔；通过呼吸道进入肺和气囊的病原体可进入体腔、肌肉、骨骼；肉鸡没有横膈膜，排泄生殖共用一腔，因此，抗病力弱，许多引起心、肺、肝、肾的原发性病变均可继发腹水。

6. 其他因素

某些药物的连续或过量使用，霉菌毒素中毒，饲料中盐分过高，缺乏磷、硒和维生素 E，饮水中含钠较多，以及消毒剂中毒都可诱发腹水。

（二）临床症状和病理病变

发病鸡喜躺卧、精神沉郁；行动缓慢、步态似企鹅状；羽毛粗乱，无光泽，两翅下垂；食欲下降，体重减轻；呼吸困难，伸颈张口呼吸，皮肤黏膜发绀，头冠青紫；腹部膨大下垂，皮肤发亮变薄，手触之有波动感；腹腔穿刺有淡黄色液体流出，有时混有少量血液；穿刺后部分鸡症状减轻，但少部分可因为虚脱而加快死亡。

全身明显淤血。最典型的剖检变化是腹腔积有大量的清亮、稻草色样或淡红色液体，液体中可混纤维素块或絮状物，腹水量 200～500 毫升，量多少可能与病的程度和日龄有关。积液中除纤维素外，有少量细胞成分，主要是淋巴细胞、红细胞和巨噬细胞。

肺呈弥漫性充血，水肿，副支气管充血，平滑肌肥大和毛细支气管萎缩。心脏肿大，右心扩张、柔软，心壁变薄，心肌弛缓，心包积液，病鸡心脏比正常鸡大，病鸡与正常鸡心脏重量可能相近，心与体重比例与正常鸡比较可增加 40%。肝充血、肿大，紫红或微紫红，表面附有灰白或淡黄色胶冻样物。有的病例可见肝脏萎缩变硬，表面凹凸不平。胆囊充满胆汁。肾充血、肿大，有尿酸盐沉着。肠充血。胸肌和骨骼肌充血。脾脏通常较小。

（三）防制

1. 改善环境

改造鸡舍，设计出最合适的禽舍，改善饲养环境；鸡舍建造时要设计天窗，排气孔等，要妥善解决保温与通风换气的矛盾，维持最适的鸡舍温度，定时加强通风，减少有害气体和尘埃的蓄积，保持鸡舍内空气新鲜。加温时避免一氧化碳含量超标；控制饲养密度，合理光照；谢绝参观，减少不必要的应激；同时，应保持鸡舍内的清洁卫生，每天及时清除粪便，做好消毒工作；防止饮水器漏水使垫料潮湿而产生氨气。

2. 科学饲养

适当降低能量和蛋白质水平，保证营养素和电解质平衡；脂肪添加 <2%，饲料中含盐 <0.5%，防止磷、硒和维生素 E 的缺乏，每吨饲料添加 500 克维生素 C 抗应激，适当添加 $NaHCO_3$ 代替 NaCl 作为钠源；根据肉鸡的生长特点，在 1~20 日龄用粉料代替颗粒料，20 日龄以后用颗粒料，既不太影响增重又能减少腹水症的发生率。

3. 间歇光照

夜间采用间歇光照，有利于鸡充分利用和消化饲料，提高饲料利用率，缓解心肺负担，减少腹水症的发病率。

4. 药物预防

15~35 日龄在鸡的饲料加入 0.25% 去腹散或 11~38 日龄在饮水中加入 0.15% 运饮灵有良好的预防作用。

在饲料中添加如山梨醇、脲酶抑制剂、阿司匹林、氯化胆碱和除臭灵等可以减少腹水症的发生及死亡。同时，为防止支原体病、大肠杆菌病、葡萄球菌病、传染性支气管炎等诱发腹水症，可在饲料中添加适当的药物进行预防。

5. 发病后的治疗

一旦发病，可适当采取治疗措施。治疗时，挑出病鸡，以无菌操作用针管抽出腹腔积液，然后腹腔注入1%速尿注射液0.3毫升，隔离饲养；针对有葡萄球菌和大肠杆菌引发的腹水症，可采用氟哌酸、氯霉素、硫酸新霉素、卡那霉素等抗菌性药物治疗其原发病症。同时，全群鸡在饮水中加0.05%维生素C或饲料中加利尿剂；中兽医学认为腹水症为虚症，按辨证施治理论，主要以健脾利水，理气补虚为主进行治疗。如中药获苓，泽泻等对其有效。

二、肉鸡猝死综合征

肉鸡猝死综合征以肌肉丰满，外观健康的肉鸡突然死亡为特征。死亡率在0.5%～5%，最高可达15%，已成为肉鸡生产中一种常见疾病。该病一年四季均可发生，公鸡的发生率高于母鸡（约为母鸡的3倍），有两个发病高峰，以3周龄前后和8周龄前后多发。有的鸡群死亡在3周龄时达到高峰，有的死亡率在整个生长期内不断发生。体重过大的鸡多发。

（一）发生原因

影响因素涉及营养、环境、遗传、酸碱平衡、个体发育等诸多因素。离子载体抗球虫剂及球虫抑制剂等也可成为发病的诱因。

（二）临床症状和病理变化

发病前鸡群无任何明显征兆，患鸡突然死亡，特征是失去平衡，翅膀剧烈扇动，肌肉痉挛，发出狂叫或尖叫，继而死亡。

从丧失平衡到死亡，时间很短。死鸡多表现背部朝地躺着，两脚朝天，颈部伸直，少数鸡死时呈腹卧姿势，大多数死于喂饲时间。

剖检死鸡，见鸡冠、肉髯和泄殖腔内充血，肌肉组织苍白，嗉囊、肌胃和肠道充盈。肺弥漫性充血，呈暗红色并肿大，右肺比左肺明显，也有部分鸡肺呈略带黑色的轻度变化。死于早期的鸡有明显的右心房扩张，以后死的鸡心脏均大于正常鸡的几倍。心包液增多，偶尔见纤维素凝固；肝轻度肿大、质脆、色苍白；胸腹肌湿润苍白，肾浅灰色或苍白色。十二指肠显著膨胀、内容物之白似奶油状，呈卡他性肠炎。

（三）防制

1. 前期适当限制饲料中营养水平

喂高营养配合饲料增重快，但容易发生猝死综合征。可以喂粉状料或限制饲养等减少营养摄取量。

2. 饲料中添加生物素预防

资料表明在饲料中添加生物素是降低死亡率的有效方法。每千克饲料中添加 300 微克以上生物素，可以减少肉仔鸡死亡率。

3. 发病后用碳酸氢钾治疗

每只鸡 0.62 克碳酸氢钾饮水，或碳酸氢钾 0.36% 拌料，其死亡率显著降低。

三、钙、磷缺乏症

家禽饲料中钙、磷缺乏以及钙、磷比例失调是家禽骨营养不良的主要病因。它不但影响生长家禽骨骼的形成、成年母禽蛋壳的形成，而且影响家禽的血液凝固、酸碱平衡、神经与肌肉的正常生理机能。使家禽的生产性能大幅度下降，从而给养鸡业带来巨大经济损失。

（一）发生原因

日粮中钙、磷缺乏，或者是由于维生素 D 不足影响钙、磷的吸收和利用，而导致骨骼异常，饲料利用率降低、异嗜、生长速度下降，并出现特有的临床症状和病理变化。

饲料中钙、磷不足，可导致骨营养不良和生长发育迟缓，产蛋母鸡产蛋量减少，产薄壳蛋。鸡体为了维持血液的钙、磷浓度，甲状旁腺激素就会动员骨中的钙、磷进入血液。骨质中的钙、磷不断被溶出，使骨逐渐变薄而易发生骨折，母鸡所产种蛋质量下降，孵化率也迅速降低。

（二）临床症状和病理变化

钙、磷缺乏共有的症状是精神不佳，不愿行走而呆立或卧地，食欲不振、异嗜等。

生长鸡表现为佝偻病、喙与爪变形弯曲，肋骨末端呈结节状并弯曲。关节常肿大，常发生跛行，间或有腹泻；成年鸡表现蛋壳变薄，软皮蛋增多，种蛋破损率升高，种蛋合格率、产蛋率和种蛋孵化率显著降低。后期发病鸡的胸骨变形，胸骨脊常呈"S"状弯曲。肋骨的两端膨大，翅骨和腿骨轻折可断。

尸体剖检时，主要病理变化在骨骼和关节。全身骨骼都有不同程度的肿胀、疏松，骨密质变薄，骨髓腔变大，肋骨变形，胸骨脊呈"S"状弯曲，管状骨很易折断。关节软骨肿胀，有的有较大的软骨缺损或纤维状物附着。

（三）防制

该病的病程较长，病理变化是逐渐发生的，骨骼变形后极难复原，故应以预防为主。该病的预防并不困难，只要能够坚持满足鸡的各个生长时期对钙、磷的需要，并调整好两者的比例关系，即可有效地预防该病发生。

应该注意的是日粮中仅以石粉补钙，即使量已达到要求，但仍不能满足鸡对钙的需要。对产蛋种鸡补钙以 2/3 的贝壳粒和 1/3 的石粉为好。这样，不但可有效地满足鸡对钙的需要，而且可以提高蛋壳质量和种蛋合格率。

第四节 中毒病的防治

一、食盐中毒

（一）发生原因

饲料配合时食盐用量过大，或使用的鱼粉中有较高盐量，配料时又添加食盐；限制饮水不当；或饲料中其他营养物质，如维生素 E、Ca、Mg 及含硫氨基酸缺乏，而引起增加食盐中毒的敏感性等可引起中毒。

（二）临床症状和病理变化

病鸡表现为燥渴而大量饮水和惊慌不安的尖叫。口鼻内有大量的黏液流出，嗉囊软肿，排水样稀粪。运动失调，时而转圈，时而倒地，步态不稳，呼吸困难，虚脱，抽搐，痉挛，昏睡而死亡。剖检可见皮下组织水肿，食道、嗉囊、胃肠黏膜充血或出血，腺胃表面形成假膜；血黏稠、凝固不良；肝肿大，肾变硬，色淡。病程较长者，还可见肺水肿，腹腔和心包囊中有积水，心脏有针尖状出血点。根据燥渴而大量饮水和有过量摄取食盐史可以初步诊断。

（三）防制

1. 预防措施

严格控制饲料中食盐的含量，尤其对幼禽。一方面严格检测饲料原料鱼粉或其副产品的盐含量；另一方面配料时加食盐也要求粉细，混合要均匀；平时要保证充足的新鲜洁净饮用水。

2. 发病后措施

发现中毒后立即停喂原有饲料，换无盐或低盐易消化饲料至康复。供给病鸡5%的葡萄糖或红糖水以利尿解毒，病情严重者另加0.3%~0.5%醋酸钾溶液饮水，可逐只灌服。中毒早期服用植物油缓泻可减轻症状。

二、磺胺类药物中毒

（一）发生原因

磺胺类药物是治疗鸡的细菌性疾病和球虫病的常用广谱抗菌药物。但是如果用药不当，尤其是使用肠道内容易吸收的磺胺类药物不当会引起急性或慢性中毒。

1周龄以下雏鸡敏感，采食含0.25%~1.5%磺胺嘧啶的饲料1周或口服0.5克磺胺类药物后，即可中毒。用药剂量过大，或疗程超过1周以上，均会引起各种禽类的中毒。正常剂量，产蛋量减少。

（二）临床症状和病理变化

急性中毒表现为兴奋不安、厌食、腹泻、痉挛、共济失调、肌肉颤抖、惊厥，呼吸加快，短时间内死亡。慢性中毒（多见于用药时间太长）表现为食欲减退，鸡冠苍白，羽毛松乱，渴欲增加；有的病禽头面部呈局部性肿胀，皮肤呈蓝紫色；时而便秘，时而下痢，粪呈酱色，产蛋禽产蛋量下降，有的产薄壳蛋、软壳蛋、蛋壳粗糙、色泽变淡。主要器官均有不同程度的出血为特征，皮下、冠、眼睑有大小不等的斑状出血。胸肌是弥漫性斑点状或涂刷状出血，肌肉苍白或呈透明样淡黄色，大腿肌肉散在有鲜红色出血斑；血液稀薄，凝固不良；肝肿大，淤血，呈紫红或黄褐色，表面可见少量出血斑点或针头大的坏死灶，坏死灶中央凹陷呈深红，周围灰色；肾肿大，土黄色，表面有紫红色出血斑。输尿管变粗，充满白色尿酸盐；腺胃和肌胃交界处黏膜有陈旧的紫红色或条状出血，腺胃黏膜和肌胃角质膜下有出血点等。

（三）防制

1. 预防措施

严格掌握用药剂量及时间，一般用药不超过 1 周。拌料要均匀，适当可配以等量的碳酸氢钠，同时注意供给充足饮水；一周龄以内雏鸡应慎用；临床上应选用含有增效剂的磺胺类药物（如复方敌菌净、复方新诺明等），其用量小，毒性也较低。

2. 发病后措施

发现中毒，应立即停药并供给充足饮水；口服或饮用 1%～5% 碳酸氢钠溶液；可配合维生素 C 制剂和维生素 K_3 进行治疗。中毒严重的家禽可肌注维生素 B_{12} 1～2 微克或叶酸 50～100 微克。

三、喹乙醇中毒

（一）发生原因

喹乙醇是一种具有抑菌、促生长作用的药物，主要用于治疗肠道炎症、痢疾、巴氏杆菌病和促生长，生产中作为治疗药物和添加剂广泛应用。盲目加大添加量，或用药量过大，或混饲拌料不均匀而发生中毒。

（二）临床症状和病理变化

病鸡精神沉郁，食欲减退，饮水减少，鸡冠暗红色，体温降低，神经麻痹，脚软，甚至瘫痪。死前常有抽搐、尖叫、角弓反张等症状。剖检可见口腔有黏液，肌胃角质下层有出血点、出血斑，十二指肠黏膜有弥漫性出血；腺胃及肠黏膜糜烂；冠状脂肪和心肌表面有散在的出血点；脾、肾肿大，质脆；肝肿大，有出血斑点，色暗红、质脆，切面糜烂多汁；胆囊胀大，充满绿色胆汁。

（三）防制

1. 预防措施

严格控制用量。作为添加剂，使用量为 25～35 毫克/千克饲料；用于治疗疾病最大内服量：雏鸡每千克体重 30 毫克，成年鸡每千克体重 50 毫克，使用时间 3～4 天。

2. 发病后措施

一旦发现中毒，立即停药，供给硫酸钠水溶液饮水，然后再用 5% 的葡萄糖溶液或 0.5% 碳酸氢钠溶液，并按每只鸡加维生素 C 0.3～0.5 毫升饮水。

四、黄曲霉毒素中毒

黄曲霉毒素中毒是鸡的一种常见的中毒病，该病由发霉饲料中霉菌产生的毒素引起。病的主要特征是危害肝脏，影响肝功能，肝脏变性、出血和坏死，腹水，脾肿大及消化障碍等。

黄曲霉毒素有致癌作用。

（一）发生原因

鸡食入发霉变质饲料可引起中毒，其中以幼龄的鸡，特别是 2～6 周龄的雏鸡最为敏感，饲料中只要含有微量毒素，即可引起中毒，且发病后较为严重。

（二）临床症状和病理变化

表现沉郁，嗜眠，食欲不振，消瘦，贫血，鸡冠苍白，虚弱，尖叫，排淡绿色稀粪，有时带血，腿软不能站立，翅下垂。成鸡耐受性稍高，多为慢性中毒，症状与雏鸡相似，但病程较长，病情和缓，产蛋减少或开产推迟，个别可发生肝癌，呈极度消瘦的恶病质而死亡。剖检可见肝充血、肿大、出血及坏死，色淡呈价白色，胆囊充盈。肾苍白肿大。胸部皮下、肌肉有时出血。或肝硬变，体积缩小，颜色发黄，并有白色点状或结节状病灶。根据该病的症状和病变特点，结合病鸡有食入霉败变质饲料的发病史，即可作出初步诊断。

（三）防制

1. 预防措施

平时搞好饲料保管，注意通风，防止发霉。不用霉变饲料喂鸡。为防止发霉，可用福尔马林对饲料进行熏蒸消毒。

2. 发病后措施

目前对该病还无特效解毒药，发病后应立即停喂霉变饲料，更换新料。中毒死鸡要销毁或深埋，不能食用。鸡粪便中也含有毒素，应集中处理，防止污染饲料、饮水和环境。用 2% 次氯酸钠对鸡舍内外进行彻底消毒。病鸡饮服 5% 葡萄糖水。

第八章 肉鸡场废弃物处理与利用

肉鸡场废弃物主要包括鸡粪（尿）、垫料、死鸡、恶臭、清洗粪道所产生的污水等。只有将其进行科学的无害化处理和资源化利用，才能保证肉鸡安全生产。

第一节 鸡粪和垫料的处理和利用

一、堆肥

鸡粪中含有大量农作物生长所必需的氮、磷、钾等和大量的有机质，将其作为有机肥料施用于农田是一种被广泛采用的方式。但将鸡粪施用到农田前必须进行无害化处理。

目前常用的堆肥系统（图 2 - 20）可分为无发酵装置的堆肥系统和发酵仓系统两大类。无发酵装置系统主要包括条垛式堆肥和通气固定垛堆肥系统等，发酵仓系统则包括槽式发酵仓堆肥、立氏发酵仓堆肥、旋转滚筒式堆肥等。

条垛式堆肥是将堆肥物料堆成条垛状，高不超过 1.0 ~ 1.5 米，宽控制在 1.5 ~ 2.0 米，长度视场地规模而定，通过人工或机械翻堆供氧。优点是投资小，运转费用低，生产率高；但占地面积大，腐熟时间长，且受外界气候的影响较大。

通气固定垛堆肥系统在堆肥过程中不进行翻堆，而通过机械强制通风或抽气来实现通风供氧，其堆垛高度可为 1.5 ~ 2.0

米，宽度可为 2.0 ~ 3.0 米。该方式可通过通风量和风速来控制堆肥进程，缩短堆肥周期，但其占地面积大，所需运转费用高，膨胀剂的混合和分离较困难。

发酵仓式堆肥近年来发展较快，可通过机械有效控制堆肥过程中的臭气、灰尘、蚊蝇及其他污染环境的因素，腐熟时间短；但投资大，运转过程中对能源依赖性高，且由于粪便具有一定的腐蚀性，对设备的要求高。

二、干燥

鸡干粪中含粗蛋白质 28% ~ 32%，且含有 18 种氨基酸和大量的微量元素，如经适当的加工干燥处理，可制成优质肥料和饲料加以利用。鸡粪干燥法可分为机械干燥法和日光自然干燥法两大类。

(一) 日光自然干燥法

一般先在新鲜鸡粪里掺入 20% ~ 30% 米糠或麦麸，然后摊在阳光下暴晒，使鸡粪的含水量降到 15% 以下，干燥后过筛去除杂质，装入袋内或堆放于干燥处备用。该法可在塑料大棚中进行，借助塑料大棚内形成的"温室效应"对鸡粪进行干燥处理。专用的塑料大棚一般长 45 ~ 56 米，宽 4.5 米。在夏季，只需 1 周即可把鸡粪的含水量降到 10% 左右，适于广大农户采用。

(二) 机械干燥法

主要利用各种型式的干燥设备，如快速高温干燥设备、微波干燥设备、气流干燥设备等，实现对鸡粪的干燥过程。适合大型肉鸡场的粪便处理。

三、生产蝇蛆粉

利用鸡粪生产蝇蛆粉的工艺流程见图 8 - 1。

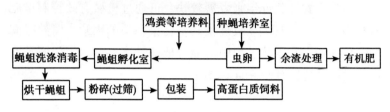

图 8 - 1　利用鸡粪生产高蛋白质饲料（蝇蛆粉）工艺流程

（一）种蝇饲养

种蝇可在鸡粪中选育，经育蛆、化蛹、成蝇至产卵培育而成。种蝇饲养的适宜温度为 24 ~ 33℃，相对湿度为 50% ~ 70%，需光照。

（二）蝇蛆培育

小型养殖户可采用塑料盆（桶）培育法养蝇蛆，即在直径 6 厘米的培养盆（或直径 30 厘米的塑料桶）内加入鸡粪等培养料，厚度约 4 ~ 6 厘米。将虫卵撒在培养料上，卵量约 1.5 克。培养室内保持较暗环境，每天翻动两次。一般在第一天不需换料，第二、第三天是生长旺期，要加足培养料，后期少加料。每次加料置于培养盆一边，幼虫自会爬到新加培养料中摄食。培育完成后，可利用蛆快化蛹前要寻找干燥、暗的环境这一习性来收集蝇蛆。

（三）制作蝇蛆粉

将收集到的蝇蛆洗净，并用开水消毒，然后在 60℃烘箱内烘干，粉碎后即得高蛋白饲料原料蝇蛆粉。

四、生产沼气

沼气燃烧后的产物是二氧化碳和水，是高度环保的燃料，可为居民提供廉价、优质的生活用能。

（一）方法

利用鸡粪作为沼气发酵原料时，通常将鸡粪和草或秸秆按一定比例混合进行发酵，或与其他家畜的粪便（如猪粪、牛粪）混合发酵。主要原因是鸡粪含氮高，单纯用鸡粪发酵时沼液中氨氮会较高，从而抑制产甲烷菌的活性，从而使沼气池不能正常启动或产气率低，产生的沼气量不足。

（二）注意事项

（1）适宜的沼液浓度　一般而言，沼液的浓度范围是5%～30%，夏季沼液浓度可为5%～6%，冬季为10%～12%。

（2）发酵原料的碳氮比　沼气发酵原料最佳的碳氮比为25∶1，适宜范围为（20～30）∶1。

（3）适宜的酸碱度（pH值）　沼气发酵适宜的pH值为6.5～7.5。鸡类在发酵过程中料液容易酸化，不利于沼气的产生。当发现沼液偏酸时，就取3～4千克石灰兑上4～5桶清水，先充分搅匀后再直接从进料口倒入池中并搅拌，使石灰澄清液与池中的沼液充分接触，也可适量加入草木灰，直至沼液酸碱度恢复至6.5～7.5。

（4）足够量的接种液　一般要求沼气池中接种液量达到发酵料液总量的10%～30%，才能保证正常启动和旺盛产气。接种液可从正常产气3个月以上的沼气池底部吸取。

（5）严格的密封条件　沼气池须严格密闭，隔绝空气，保证沼气池严格的厌氧条件，从而达到正常产气的目的。因此，在建池过程的每一个环节，既要保证建池材料的质量可靠，又要严格执行沼气池建设标准。沼气池建成后，必须进行试水试压，在确保沼气池不漏水、不漏气的情况下，方可投料封口。

第二节　污水处理方法

目前国内外畜禽场污水处理技术一般采取"三段式"处理工艺，即固液分离—厌氧处理—好氧处理。由于肉鸡场污水产生量少，通过处理后与鱼塘或果园结合来实现对污水的利用。

一、固液分离

通过固液分离，可使液体部分污染物负荷降低，生化需氧量（COD）和悬浮固体（SS）的去除率可达到50%~70%，所得固体粪淹可用于制作有机肥。其次，通过固液分离，可防止大的固体物进入后续处理环节，以防造成设备的堵塞损坏等。此外，在厌氧消化前进行固液分离能增加厌氧消化运转的可靠性，减少所需厌氧反应器的尺寸及所需的停留时间。

固液分离技术一般有筛滤、离心、过滤、浮除、絮凝等，这些技术都有相应的设备，从而达到浓缩、脱水目的。养殖业多采用筛滤、过滤和沉淀等固液分离技术进行污水的一级处理，常用的设备有固液分离机、格栅、沉淀池等。

二、厌氧处理

对污水进行厌氧发酵，可以将污水中的不溶性的大分子有机物变为可溶性的小分子有机物，为后续处理技术提供重要的前提；且在厌氧处理过程中，微生物所需营养成分减少，可杀死寄生虫及杀死或抑制各种病原菌。同时，通过厌氧发酵，还可产生有用的沼气，开发生物能源。但建造厌氧发酵池和配套设备投资大；处理后污水的 NH_3—N 仍然很高，需要其他处理工艺；厌氧产生沼气并利用其作为燃料、照明时稳定性受气温变化的影响。

厌氧发酵的原理为微生物在厌氧的状况下，将复杂的有机物分解为简单的成分，最终产生甲烷和二氧化碳等。厌氧发酵过程可分为两个阶段，如图 8 – 2 所示。

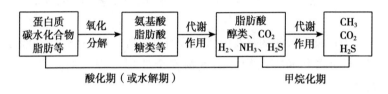

图 8 – 2　厌氧发酵处理过程

厌氧处理方法很多，按消化器的类型可分为常规型、污泥滞留型和附着膜型。常规型消化器一般适宜于料液浓度较大、悬浮物固体含量较高的有机废水；污泥滞留型和附着膜型消化器主要适用于料液浓度低、悬浮物固体含量少的有机废水。目前，国内在养殖场应用最多的是连续搅拌反应器（STR）和升流式厌氧污泥床反应器（UASB）两种。

三、好氧处理

主要依赖好氧菌和兼性厌氧菌的生化作用来完成废水处理过程的工艺，称为好氧处理。好氧处理方法分为天然和人工两类。

天然条件下好氧处理一般不设人工爆气装置，主要利用自然生态系统的自净能力进行污水的净化，如天然水体的自净、氧化塘和土地处理等。人工条件下的好氧处理方法采取向装有好氧微生物的容器或构筑物不断供给充足氧的条件下，利用好氧微生物来净化污水。该方法主要有序批操作反应器（SBR）、活性污泥法、氧化沟法、生物转盘和生物膜法等。由于 SBR 工艺对高氨氮的养殖场污水有很好的去除效果，国内外大多采用 SBR 工艺作为畜禽场污水厌氧后的后续处理。

第三节　肉鸡病死尸体的无害化处理

因传染病致死的鸡及因病捕杀的鸡应按（GB 16548—2006）《病害动物和病害动物产品生物安全处理规程》的要求进行处理。

一、销毁

该法适用于因患高致病性禽流感和鸡新城疫而死亡的鸡尸体，病死、毒死或不明死因鸡的尸体，经检验对人畜有毒有害的、需销毁的病鸡和病鸡产品，人工接种病原生物系或进行药物试验的病鸡和病鸡产品，以及从鸡体割除下来的病变部分。销毁的方式包括以下两种：焚毁、掩埋。

（1）焚毁　将病害动物尸体或产品投入焚化炉或用其他方式烧毁炭化。

（2）掩埋　本法不适用于患有芽孢杆菌类疫病。具体要求如下。

①掩埋地应远离公共场所、居民住宅区、动物饲养和屠宰场所、饮用水源地、河流等地区。

②掩埋前应将掩埋的病害肉鸡尸体及其产品实施焚烧处理。

③掩埋坑底铺 2 厘米厚生石灰，掩埋后需将掩埋土夯实，

掩埋物上层应距地表 1~5 米以上。

④掩埋后的地表环境应使用有效消毒药喷洒消毒。

二、消毒

该法适用于其他疫病的染疫鸡只及其组织，主要采用蒸煮法。把肉尸切成重不超过 2 千克、厚不超过 8 厘米的肉块，放在密闭的高压锅内，在 112 千帕压力下蒸煮 1.5~2 小时。

第九章　无公害肉鸡的环境控制与场舍建设

养鸡场的建设对鸡场的投资、生产成本与养鸡效益都有密切的关系和长远的影响。建造合理的鸡场可以为鸡群创造适宜的生活、生长和生产环境，能满足鸡群的防疫要求，便于生产运行和管理，节约占地和投资，利于有效经营。

养鸡场的建设主要包括养鸡场的环境与控制、养鸡场的规划设计和养鸡生产设备。

第一节　养鸡场的环境与控制

在工厂化生产的今天，饲养环境对鸡生产性能的影响程度越来越显著。鸡的饲养环境可直接影响鸡的生长、发育、繁殖、产蛋、育肥和健康。因此，顺应鸡的生物学特性，通过人为控制鸡的饲养环境，使其尽可能满足鸡的最适需要，可以充分发挥鸡的遗传潜力，减少疾病的发生频率，降低生产风险和成本。

一、鸡舍类型

集约化饲养需要建设鸡舍，鸡舍的类型成为环境控制的前提。鸡舍的类型可以分为开放式、封闭式以及开放和封闭结合式3种类型。

（一）开放式鸡舍

开放式鸡舍受自然环境的影响，空气流通靠自然通风，光照是自然光照加人工补充光照。散养鸡通常采用在禽舍的南北两侧或南面一侧设置运动场，白天鸡在运动场自由运动，晚上休息和采食在舍内进行。

无论蛋鸡还是肉鸡，普遍使用完全舍饲的方式。因此，开放式鸡舍一般不带运动场。开放式鸡舍主要有两种形式：一是有窗鸡舍，根据天气变化开闭窗户，调节空气流通量，控制鸡舍温度。二是卷帘简易鸡舍，用卷帘布做维护墙，靠卷起和放下卷帘布调节鸡舍内的温度和通风。开放式鸡舍的优点是造价低，节省能源。缺点是受外界环境的影响较大，尤其是光照的影响最大，不能很好地控制鸡的性成熟。

（二）封闭鸡舍

封闭鸡舍的通风完全靠风机进行，自然光照不到鸡舍内部，鸡舍内的采光是根据需要人工加光，舍内温度靠加热升温或通风降温。封闭式鸡舍主要满足以下几方面要求：遮光；天气寒冷时对鸡供暖；天气炎热时对鸡降温；降低鸡舍内的湿度；降低鸡舍内的有毒气体浓度；对封闭鸡舍提供足够的流通空气。

由于封闭鸡舍内的环境条件能够人为控制，受外界环境的影响小，可以使鸡舍的内部条件尽量维持在接近鸡的最适需要的水平，能够满足鸡的最佳生长，减少应激的需要，能够充分发挥鸡的生产性能。环境控制鸡舍的缺点是投资大，光照全靠人工加光，完全机械通风，耗能多。

（三）开放和封闭结合式

这种鸡舍结合了开放和封闭鸡舍的优点，鸡舍除了安装了透明的窗户之外，还安装了湿垫风机降温系统。在春秋季节窗户可以打开，进行自然通风和自然光照；夏季和冬季根据天气情况将窗户关闭，采用机械通风和人工光照。夏季使用湿垫降温，加大通风量，冬季减少通风量到最低需要量水平，以利于鸡舍保温。

二、鸡舍的温热环境控制

（一）热来源

鸡舍内的热量主要来自鸡自身的产热量，产热量的大小和鸡的类型、饲料能量值、环境温度、相对湿度等有关。相同体重的肉鸡由于生长快，比蛋鸡产热量高；体重较大的鸡单位体重产热量少；降低鸡舍温度能增加鸡的散热量。在夏季需要通过通风将鸡产生的过多热量排出鸡舍，以降低舍内温度；在天气寒冷时，鸡所产生的大部分热量必须保持在舍内以提高舍内温度。

（二）温度对鸡行为的影响

环境温度对鸡行为的影响主要表现在采食量、饮水量、水分排出量的变化。随温度的升高采食量减少、饮水量增加，产粪量减少，呼吸产出的水分增加，造成总的排出水量大幅度增加。排出过多的水分会增加鸡舍的湿度，鸡感觉更热。鸡的水分的排出量取决于体重、饲料类型、饲料中营养物质浓度、饲料的含盐量、空气温度和湿度等。水分的排出量对鸡舍湿度有影响，水分的排出形式有两种，即蒸发散热排出的水分和随粪便排出的水分。蒸发散热只增加环境湿度，不提高环境温度，又称为"无感散热"。

（三）维持适宜温热环境的措施

（1）鸡舍结构　环境控制鸡舍墙壁的隔热标准要求较高，

尤其是屋顶的隔热性能要求较高。鸡舍的外墙和屋顶涂成白色或覆盖其他反射热量的物质有利于降温。较大的屋檐不仅能防雨而且提供阴凉，对开放式鸡舍的防暑降温很有用处。

（2）通风 通风对任何条件下的鸡都有益处，它可以将污浊的空气和水汽排出，同时补充新鲜空气，而且一定的风速可以降低鸡舍的温度。风速达到 30 米/分钟，鸡舍可降温 1.7℃，风速达到 152 米/分钟，鸡舍可降温 5.6℃。封闭鸡舍必须安装机械通风设备，以提供鸡群适当的空气流动，并通过对流进行降温。

（3）蒸发降温 在低湿度条件下使用水蒸发方式降低空气温度很有效，这种方法主要通过湿垫风机降温系统实现。空气通过湿垫温度虽然能够降低，但是水蒸气和湿度也会增加，因而湿球温度下降有限。蒸发降温主要有这几种方法：房舍外喷水，降低进入鸡舍空气的温度；湿垫风机降温系统，使空气通过湿垫进入鸡舍；舍内低压或高压喷雾系统，形成均匀分布的水蒸气。

（4）鸡舍加温 高纬度地区冬季为了提高鸡舍的温度，需要给禽舍提供热源。热源的方式有热风炉、暖气、电热育雏伞、地炕、火炉等多种形式。

（5）调整饲养密度和足够饮水 减少单位面积的存栏数，能降低环境温度。提供足够的饮水器和尽可能凉的饮水，也是简单实用的降温方法。

三、鸡舍空气质量的控制

舍饲鸡的饲养密度较大，大量的鸡饲养在舍内每天产生大量的废气和有害气体。为了排出水分和有害气体，补充氧气，并保持适宜温度，必须使禽舍内的空气流通。

（一）鸡舍内的有害气体

鸡舍内的有害气体包括粪尿分解产生的氨气和硫化氢、呼吸或物体燃烧产生的二氧化碳以及垫料发酵产生的甲烷，另外用煤炉加热燃烧不完全还会产生一氧化碳。这些气体对鸡的健康和生产性能均有负面影响，而且有害气体浓度的增加会相对降低氧气的含量。因此，鸡舍内各种气体的浓度有一个允许范围值（见表9-1）。通风换气是调节鸡舍空气环境状况最主要、最常用的手段。

表9-1　鸡舍内各种气体的致死浓度和最大允许浓度

气体	致死浓度/%	最大允许浓度/%
二氧化碳	>30	<1
甲烷	>5	<5
硫化氢	>0.05	<0.004
氨	>0.05	<0.002 5
氧	<6	

（二）通风方式

鸡舍通风按通风的动力，可分为自然通风、机械通风和混合通风3种。机械通风又主要分为正压通风、负压通风。根据鸡舍内气流组织方向，鸡舍通风分为横向通风和纵向通风。

（1）自然通风　依靠自然风的风压作用和舍内外的空气得以交换。开放式鸡舍采用自然通风，空气通过通风带和窗户进行流通。在高温季节，仅靠自然通风降温效果不理想。

（2）机械通风　依靠机械动力强制进行舍内外空气的交换。一般使用轴流式通风机进行通风。

四、光照管理

（一）光照作用的机理

光照不仅能使鸡看到饮水和饲料，促进鸡的生长发育，而且对鸡的繁型有决定性的刺激作用，即对鸡的性成熟、排卵和产蛋均有影响。光照作用的机理一般认为鸡有两个光感受器，一个为视网膜感受器即眼睛，另一个位于下丘脑。下丘脑接受光照变化刺激后分泌、促性腺释放激素，这种激素通过垂体门脉系统到达垂体前叶，引起卵泡刺激素和排卵诱导素的分泌，促进卵泡的发育和排卵。

（二）光照作用

（1）光照对雏鸡和肉鸡的作用　对于雏鸡和肉仔鸡来讲，光照的作用主要是使它们能熟悉周围环境，进行正常的饮水和采食。为了增加肉仔鸡的采食时间，提高增重速度，通常采用每天23小时光照1小时黑暗的光照制度或间歇光照制度。

（2）光照对育成鸡的作用　通过合理光照，控制鸡的性成熟时间。光照减少，延迟性成熟，使鸡的体重在性成熟时达标，提高产蛋潜力；增加光照，缩短性成熟时间，使鸡适时性成熟。

（3）光照对母鸡的作用　增加光照并维持相当长度的光照时间（15小时以上），促使母鸡正常排卵和产蛋，并且使母鸡获得足够的采食、饮水、社交和休息时间，提高生产效率。

（4）光照对公鸡的作用　通过合理光照，控制公鸡的体重，适时性成熟。20周龄后，每天15小时左右的光照，有利于精子的生产，增加精液量。

（5）红外线的作用　红外线的生物学作用是产生热效应。

用红外线照射雏鸡有助于防寒，提高成活率，促进生长发育。

（6）紫外线的作用　紫外线照射鸡皮肤，可使皮肤中的 7 - 脱氢胆固醇转化成维生素 D_3，从而调节鸡体的钙磷代谢，提高生产性能。紫外线有杀菌能力，可用于空气、物体表面的消毒及组织表面感染的治疗。

（三）光照颜色

不同的光照颜色对鸡的行为和生产性能有不同的影响，见表 9 - 2。

根据对光照颜色的反应，环境控制鸡舍育成期可采用红色光照，产蛋期采用绿色光照；开放式鸡舍由于自然光属于不同波长的光混合而成的复合白光，所以，一般采用白炽灯泡或荧光灯作为补充光源。白炽灯和荧光灯相比，产热多，光效低，耗电量大。但是，价格便宜，投资少，且容易启动，所以两种光源都有使用。从长远来讲，荧光灯要替代白炽灯。

表 9 - 2　鸡对不同颜色光线的反应

| 光照颜色 | 作用 | | | | | |
	性成熟	啄癖	产蛋性能	饲料效率	公鸡配种能力	受精率
红	延迟	减少	略升	略高	稍降	稍降
绿	加快	减少		略低	稍升	稍升
黄	延迟	增加	略降	略低	稍升	稍升
蓝	加快	增加			稍升	稍升

（四）光照强度

调节光照强度的目的是控制鸡的活动性。因此，鸡舍的光照强度要根据鸡的视觉和生理需要而定，过强过弱均会带来不良的后果。光照太强不仅浪费电能，而且鸡显得神经质，易惊群，活动量大，消耗能量，易发生斗殴和啄癖。光照过弱，影响采食和饮水，起不到刺激作用，影响产蛋量。表9-3列出了不同类型的鸡需要的光照强度。

为了使照度均匀，一般光源间距为其高的1~1.5倍，不同列灯泡采用梅花分布，注意鸡笼下层的光照强度是否满足鸡的要求。使用灯罩比无灯罩的光照强度增加约45%。由于鸡舍内的灰尘和小昆虫粘落，灯泡和灯罩容易脏，需要经常擦拭干净，坏灯泡及时更换，以保持足够亮度。

表9-3　鸡对光照强度的需求

鸡的种类	年龄	光照强度/勒			
		瓦/平方米	最佳	最大	最小
雏鸡	1~7日龄	4~5	20	—	10
育雏育成鸡	2~20周龄	2	5	10	2
产蛋鸡	20周龄以上	3~4	7.5	20	5
肉种鸡	30周龄以上	5~6	30	30	10

第二节　养鸡场的规划设计

养鸡场的规划设计包括鸡场选址、规划与布局、建筑设计等方面，在实际生产中容易忽视，造成鸡场（舍）环境难以控制，为环境条件和疾病控制等埋下安全隐患，且鸡场（舍）固定资产投资大，不容易改建，影响时间长，因此应充分重视鸡场的选址、规划和鸡舍的设计建设等，做到鸡场（舍）建设标准化，为今后长远发展奠定坚实的基础。

一、场址的选择

建造一个鸡场，首先要考虑选址问题，而选址，又必须根据鸡场的饲养规模和饲养性质（饲养商品肉鸡、商品蛋鸡还是种鸡等）而定，场地选择是否得当，关系到卫生防疫、鸡只的生长以及饲养人员的工作效率，关系到养鸡的成败和效益。

场地选择要考虑综合性因素，如面积、地势、土壤、朝向、交通、水源、电源、防疫条件、自然灾害及经济环境等，一般场地选择要遵循以下几项原则。

（1）有利于防疫　养鸡场地不宜选择在人烟稠密的居民住宅区或工厂集中地，不宜选择在交通来往频繁的地方，不宜选择在畜禽贸易场所附近；宜选择在较偏远而车辆又能达到的地方。这样的地方不易受疫病传染，有利于防疫。要特别注意附近是否有畜牧兽医站、畜牧场、集贸市场、屠宰场，以及与拟建场的方位关系，隔离条件的好坏等，应远离上述污染源。在保证生物安全的前提下，创造便利的交通条件，但与交通主干线及村庄的距离要大于 1 000 米，距离次级公路 100～200 米，以满足卫生防疫的要求。

（2）场地宜在高朗、干爽、排水良好的地方　如在平原地带，要选地势高、稍向南或东南倾斜的地方；如在山地丘陵地区，则宜选择南坡，倾斜度在 20°以下。这样的地方便于排水和接纳阳光，冬暖夏凉。场地内最好有鱼塘，以利排污，并进行废物利用，综合经营。

（3）场地内要有遮荫　场地内宜有翠竹、绿树遮荫及草地，以利于鸡只活动。

（4）场地要有水源和电源　鸡场需要用水和用电，故必须要有水源和电源。水源最好为自来水，如无自来水，则要选在地下水资源丰富、适合于打井的地方，而且水质要符合卫生要求。

（5）场地范围内要圈得住　场地内要独立自成封闭体系

（用子或用砖砌围墙围住），以防止外人随便进入，防止外界畜禽、野兽随便进入。

另外，场址选择适当考虑当地土地利用发展计划和村镇建设发展计划，应符合环境保护的要求，在水资源保护区、旅游区、自然保护区等绝不能投资建场，以避免建成后的拆迁造成各种资源浪费。

二、规划与布局

鸡场规划的原则是在满足卫生防疫等条件下，建筑紧凑，在节约土地、满足当前生产需要的同时，综合考虑将来扩建和改建的可能性。

养鸡场的布局，首先应该考虑人的工作和生活场所的环境保护，使其尽量不受饲料粉尘、粪便气味和其他废弃物的污染。其次需要注意生产鸡群的防疫卫生，尽量杜绝污染源对生产鸡群环境污染的可能性。鸡群的防疫环境对综合性鸡场尤应注意。各个鸡群之间还应分成小区并有一定隔离设施。在养鸡场规划时，一般应注意以下几点。

①一般鸡场可划分为 5 个区，即职工生活区、行政管理区、辅助生产区、鸡群饲养区（生产区）、病鸡和粪便污水处理区。

②养鸡场各区的划分要因地制宜，根据当地的自然条件如地形地势、交通道路等的具体情况进行布置，并按地势的高低和主导风向进行规划，以利于鸡场的防疫。

③生产区与生活区必须严格分开，饲料贮存库和育雏舍应建在鸡场的上风头。病鸡剖检室、病死鸡焚尸炉和粪便处理场，都要放在鸡场的下风头，并用专门的车辆、专用的道路运到围墙外，在处理场（地）内发酵处理。

④蛋盘、蛋箱消毒池应与生产区围墙建在同一平行线上。

回场蛋盘车辆停在围墙外将蛋盘、蛋箱直接送入贮有过氧乙酸溶液或火碱水的消毒池内,浸4~6小时,然后再取出洗净、备用。

⑤鸡场大门、生产区入口要建宽于门口、长于汽车轮一周半的消毒池,车间入口要建宽于门口、长1.5米的消毒池。生产区门口还必须建更衣室和淋浴室(要设强制淋浴装置)。

⑥有条件的鸡场要自建深水井或水塔,用管道将水直接送到鸡舍。

⑦要建立贮料库,用饲料车将饲料直接送入库内。

孵化场内各种建筑设施的布局一定要符合单向流程作业程序,人和空气的流向,冲洗消毒的作业程序以及污物、废物处理的无污染性,总体设计不准出现交叉污染的问题。孵化场的单向流程作业程序为:种蛋从种鸡场运来后,先进入种蛋接收室,根据种蛋的批次行分选码盘,进入种蛋熏蒸消毒间进行熏蒸消毒,然后进入蛋库存放,上孵时从蛋库将种蛋推入预温间,预温后推入孵化器孵化,18天后移入出雏器,出雏后雏鸡送入雏鸡分选室,分选后进行必要的免疫等,最后存入待运间,等待发运。孵化场地面应是水泥的,最好是水磨石面,各厅室地面要建0.5%~1.0%坡度,不能积水。

第十章　无公害肉鸡舍的设施和设备

现代养鸡生产是良种、饲料、防疫、环境、管理和机械设备等多种因素的有机整体。在养鸡生产过程中，使用先进的机械设备可以大幅度地提高劳动生产效率，同时还可以为鸡群创造较为理想的生活环境，促进生产性能的提高。因此选择和使用性能好的机械设备，是提高养鸡生产效益的关键措施之一。

第一节　环境控制设备

一、光照设备

光照设备主要是光照自动控制器和光源，光照自动控制器能够按时开灯和关灯。光照自动控制器有石英钟机械控制和电子控制两种。其特点是：

①开关时间可任意设定，控时准确。

②照强度可以调整，光照时间内日光强度不足，自动启动补充光照系统。

③灯光渐亮和渐暗。

④停电程序不乱等。

二、通风设备

通风设备的作用是将鸡舍内的污浊空气、湿气和多余的热量排出，同时补充新鲜空气。现在一般鸡舍通风采用大直径、低转速的轴流风机。目前，国产纵向通风的轴流风机的主要技术参数是：流量 31 400 立方米/小时，风压 39.2 帕，叶片转速 352 转/分钟，电机功率 0.75 瓦，噪声不大于 74 分贝。

三、湿垫风机降温系统

湿垫风机降温系统的主要作用是夏季空气通过湿垫进入鸡舍，可以降低进入鸡舍空气的温度，起到降温的效果。湿垫风机降温系统由纸质波纹多孔湿垫、湿垫冷风机、水循环系统及自动控制装置组成。在夏季空气经过湿垫进入鸡舍，可降低舍内温度 5~8℃。

四、热风炉供暖系统

热风炉供暖系统主要由热风炉、鼓风机、有孔管道和调节风门等设备组成。它是以空气为介质，煤为燃料，为空间提供无污染的洁净热空气，用于禽舍的加温。该设备结构简单，热效率高，送热快，成本低。

第二节　育雏设备

一、层查式电热育雏笼

在鸡的饲养过程中，育雏阶段非常重要，雏鸡自身温度调节能力很弱，需要一定的温度和湿度，目前，国内外普遍使用笼养育雏工艺。

电热育雏器由加热育雏笼、保温育雏笼和雏鸡运动场 3 部分组成，每一部分都是独立的整体，可以根据房舍结构和需要进行组合。如采用整室加热育雏，可单独使用雏鸡运动场；在温度较低的地方，可适当减少运动场，而增加热和保温育雏笼。电热育雏笼一般为 4 层，每层高度 330 毫米，每组笼面积为 1 400 毫米 × 700 毫米，层与层之间是 700 毫米 × 700 毫米的承粪盘，全笼总高度 1 720 毫米，长度 4 340 毫米，宽度 1 450 毫米。

二、电热育雏伞

在网上或地面散养雏鸡时，采用电热育雏伞可以提高雏鸡体质和成活率。电热育雏伞的伞面由隔热材料组成，表层为涂塑尼龙丝伞面，保温性能好，经久耐用。伞顶装有电子控温器，控温范围为 0 ~ 50℃，伞内装有埋入式远红外陶管加热器，同时设有照明灯和开关。电热育雏伞外形尺寸有直径 1.5 米、2 米和 2.5 米 3 种规格，可分别育雏 300 只、400 只和 500 只。另外还有烧煤气或天然气的育雏伞，使用效果也不错。

三、室内煤火炉供温

在室内砌烟道或架烟筒，生炉火直接供温。这种供温方法，既经济保温，性能也好，是一般肉鸡场和专业户经常使用的方法。但在使用时由于舍内生火消耗大量氧气，因而必须处理好保温和通风的关系，防止肉鸡腹水症等疾病的发生。另外，在育雏阶段，如果是冬季或早春可在室内建 1.5 米左右高的塑料保温棚，防止热量的散发，形成局部温暖小气候。面积根据育雏数量而定，棚内用砖砌烟道，使其一端连接煤火炉，另一端连接烟筒，棚的适当位置留有 1 ~ 2 个出入口，便于饲喂和清扫粪便。但要特别注意防止烟道漏气，避免雏鸡煤气中毒，因而应经常检查烟道，使之处于完好状态。

第三节　笼具设备

鸡笼设备是养鸡设备的主体。它的配置形式和结构参数决定了饲养密度，决定了对清粪、饮水、喂料等设备的选用要求和对环境控制设备的要求。鸡笼设备按组合形式可分为全阶梯式、半阶梯式、层叠式、复合式和平置式；按几何尺寸可分为深型笼和浅型笼；按鸡的种类分为蛋鸡笼、肉鸡笼和种鸡笼；按鸡的体重分为轻型蛋鸡笼、中型蛋鸡笼和肉种鸡笼。

一、全阶梯式鸡笼

全阶梯式鸡笼为 2～3 层，其优点是：
①各层笼敞开面积大，通风好，光照均匀。
②清粪作业比较简单。
③结构较简单，易维修。
④机器故障或停电时便于人工操作。其缺点是饲养密度较低，为 10～12 只/平方米。蛋鸡三层全阶梯式鸡笼和种鸡两层全阶梯人工授精种鸡笼是我国目前采用最多的鸡笼组合形式。

二、半阶梯式鸡笼

半阶梯式鸡笼上下层之间部分重叠，上下层重叠部分有挡粪板，按一定角度安装，粪便滑入类坑。其舍饲密度（15～17 只/平方米）较全阶梯式鸡笼高，但是比层叠式鸡笼低。由于挡粪板的阻碍，通风效果比全阶梯式鸡笼稍差。

三、层叠式鸡笼

层叠式鸡笼上下层之间为全重叠，层与层之间有输送带将鸡粪清走。其优点是舍饲密度高，三层为 16~18 只/平方米，四层为 18~20 只/平方米。层叠式鸡笼的层数可以达到 8 层以上。因此，饲养密度可以大大提高，降低鸡场的占地面积，提高饲养人员的生产效率。但是对禽舍建筑、通风设备和清粪设备的要求较高，我国只有极少数机械化鸡场采用该工艺。

四、种鸡笼

种鸡笼有单层种鸡笼和两层人工授精种鸡笼。单层种鸡笼笼体长 1 900毫米、宽 880 毫米、高 600 毫米，笼内饲养种鸡 22 只，其中 2 只公鸡，自然交配。也可将 4 个单层种鸡笼合并成种鸡小群笼养，又称"四合一"，可养种鸡 80~100 套（公母比例 1∶10），这种鸡笼破蛋率高，已较少使用。个体鸡笼主要用于原种鸡场或实验鸡场进行个体产蛋记录，每个单笼长 1 875毫米、宽 400 毫米、高 320 毫米，分为 9 个小笼，每小笼 1 只鸡。每组鸡笼由 4 个单笼（半架 2 个单笼）组成，可养 36 只鸡。蛋鸡笼也可以饲养种鸡，但必须实行人工授精。

五、育成鸡笼

一般育成鸡笼为 3~4 层，6~8 个单笼。每个单排笼尺寸为 1 875 毫米×440 毫米×330 毫米，可饲养 8~18 周龄的育成鸡 20 只。

六、育雏育成一段式鸡笼

在蛋鸡饲养两段制的地区，普遍使用该鸡笼。该鸡笼的特点是鸡可以从 1 日龄一直饲养到产蛋前（100 日龄左右），减少转群对鸡的应激和劳动强度。鸡笼为三层，雏鸡阶段只使用中间一层，随着鸡的长大，逐渐分散到上下两层。每平方米可饲养育成鸡 25 只。

七、产蛋鸡笼

我国目前生产的产蛋鸡笼主要有饲养白壳蛋鸡的轻型蛋鸡笼和饲养褐壳蛋鸡的中型蛋鸡笼，另外有少量重型产蛋鸡笼用于饲养肉种鸡。轻型蛋鸡笼一般由 4 格组成一个单排笼，每格养鸡 4 只，单排笼长 1 875 毫米，笼深 325 毫米，养鸡 16 只，平均每只鸡占笼底面积 381 平方厘米。中型蛋鸡笼由 5 格组成一个单笼，每格养鸡 3 只，单笼长 1 950 毫米，笼深 370 毫米，养鸡 15 只，平均每只鸡占笼底面积 481 平方厘米。

第四节　饮水设备

饮水设备分为乳头式、杯式、水槽式、吊塔式和真空式。

一、塔形真空饮水器

塔形真空饮水器适用于 2 周龄前雏鸡使用。这种饮水器多由尖顶圆桶和直径比圆桶略大一些的底盘构成。圆桶顶部和侧壁不漏气，基部离底盘高 2.5 厘米处开有 1 ~ 2 个小圆孔。利用真空原理使盘内保持一定的水位直至桶内水用完为止。这种饮水器构造简单、使用方便，清洗消毒容易。它可用镀锌铁皮、塑料等材料制成，也可用大口玻璃瓶制作。有 1.5 千克和 3.0 千克两种容量。适用于一般肉鸡场和专业户使用。

二、普拉松自动饮水器

普拉松自动饮水器适用于 3 周龄后肉鸡使用，能保证肉鸡饮水充足，有利于生长。每个饮水器可供 100 ~ 120 只鸡用，饮水器的高度应根据鸡的不同周龄的体高进行调整。

三、槽形饮水器

这类饮水器一般可用竹、木、塑料、镀锌铁皮等多种材料制作成"V"字形,"U"字形或梯形等。"V"字形水槽多由铁皮制成,但金属制作的一般只能使用3年左右水槽便腐蚀漏水,迫使更换水槽。而用塑料制成的"U"字形水槽解决了"V"字形水槽腐蚀漏水的现象,而且"U"字形水槽使用方便,易于清洗。梯形水槽多由木材制成。农村专业户有的直接用竹筒作成水槽。水槽一般上口宽5~8厘米,深3~5厘米。槽上最好加一横梁,可保持水槽中水的清洁,尽可能放长流水。每只鸡占有2~2.5厘米的槽位。另外水槽一定要固定,防止鸡踩翻水槽造成撒水现象。

四、乳头式饮水器

这种饮水器已在世界上广泛应用,使用乳头式饮水器可以节省劳力,并可改善饮水的卫生程度。但在使用时注意水源洁净、水压稳定、高度适宜。另外,还要防止长流水和不滴水现象的发生。这种饮水器由于成本高,一般肉鸡场和专业户很少使用。

第五节　喂料设备

在家禽的饲养管理中,喂料耗用的劳动量较大。因此,大型机械化禽场为提高劳动效率,采用机械喂料系统。机械喂料设备包括贮料塔、输料机、喂料机和饲槽4个部分。

一、贮料塔

贮料塔放在禽舍的一端或侧面，用来存该禽舍的饲料。它用厚 1.5 毫米的镀锌钢板冲压而成，其上部为圆柱形，下部为圆锥形，圆锥与水平面的夹角应大于 60°，以利于排料。塔盖的侧面开了一定数量的通气孔，以排出饲料在存放过程中产生的各种气体的热量。贮料塔一般直径较小，塔身较高，当饲料含水量超过 13% 时，存放时间超过 2 天后，贮料塔内的饲料会出现"结拱"现象，使饲料架空，不易排出。因此，贮料塔内需要安装破拱装置。贮料塔多用于大型机械化鸡场，料塔使用散装饲料车从塔顶向塔内装料。喂料时，由输料机将饲料送往鸡舍的喂料机，再由喂料机将饲料送到饲槽，供鸡采食。

二、输料机

常用的输料机有螺旋式输送机，其叶片是整体式的，生产效率高，但只能作直线输送，输送距离也不能太长。因此，将饲料从贮料塔送往各喂料机时，需分成两段，使用两个螺旋输送机。一个将饲料倾斜输送到一定高度后，再由另一个水平输送到个喂料机。塞盘式输料机和螺旋弹簧式输料机可以在弯管内送料。因此，不必分两段，可以直接将饲料从料塔底送到喂料机。

三、喂料机

喂料机用来向饲槽分送饲料。常用的喂料机有塞盘式、链式、螺旋弹簧式、天车式和轨道车式。

四、饲槽

饲槽主要是用木板或镀锌铁板自制而成的长方形槽。槽的上方加一根能转动的横梁，以防鸡只进入槽内或站在槽上，弄脏饲料。饲槽的长度一般为 1.0～1.5 米，每只鸡占有 5 厘米左右的槽位。另外，在养鸡的某些阶段还使用以下两种饲槽。

（1）喂料盘　又叫开食盘，用于 1 周龄前的雏鸡，是塑料和镀锌铁皮制成圆形和长方形的浅盘。盘底上有防滑突起的小包或线条。以防雏鸡进盘里吃食打滑或劈腿。每盘可供 80～100 只雏鸡使用。若饲养数量少，可用塑料薄膜或牛皮纸代替开食盘。

（2）喂料桶　又叫自动喂料吊桶。适用于 2 周龄以上的肉鸡。料桶有塑料和镀锌铁板两种。饲料装入桶内，便可供鸡自由采食，鸡边吃料，饲料边从料桶落向料盘。其规格有 3 种，一般选择 5 千克容量的桶即可。每个桶可供 50 余只鸡自由觅食用。

第六节　清粪设备

鸡舍内的清粪方式有人工清粪和机械清粪两种。机械清粪常用设备有：刮板式清粪机、带式清粪机和抽屉式清粪机。刮板式清粪机多用于阶梯式笼养和网上平养；带式清粪机多用于叠层式笼养；抽屉式清粪板多用于小型叠层式鸡笼。

通常使用的刮板式清粪机分全行程式和步进式两种。它由牵引机（电动机、减速器、绳轮）、钢丝绳、转角滑轮、刮襄板及电控装置组成。

工作时电动机驱动绞盘，钢丝绳牵引刮粪器。向前牵引时刮粪器的刮粪板呈垂状态，紧贴地面刮粪，到达终点时刮粪器前面的撞块碰到行程开关，使电动机反转，刮粪器也随之返回。此时刮粪器受背后钢丝绳牵引，将刮粪板抬起越过鸡粪，因而后退不刮粪。刮粪器往复行走一次即完成一次清粪工作。刮板式清粪机一般用于双列鸡笼，一台刮粪时，另一台处于返回行程不刮粪，使鸡粪都被刮到禽舍同一端，再由横向螺旋式清粪机送出舍外。

全行程式刮板清粪机适用于短粪沟。步进式刮板清粪机使用于长鸡舍，其工作原理和全选种式完全相同。刮板式清粪机是利用摩擦力及拉力使刮板自行起落，结构简单。但钢丝绳和粪尿接触易被腐蚀而断裂。采用高压聚乙烯塑料包覆的钢丝，可以增强抗腐蚀性能。但塑料外皮不耐磨，容易被尖锐物体割破失去包覆作用。因此，要求与钢丝绳接触的传动件表面必须光滑无毛刺。

第十一章　无公害肉鸡鸡场经营管理

第一节　生产前的决策

一、经济信息

经济信息是信息的一种，是反映各种经济活动特征及其发展变化情况的各种消息、情报、资料、数据等的总称。人们从事各种生产经营活动，总是不断地产生着经济信息，并通过这些信息的接收、传递与处理，反映和沟通各方面的经济情况及其发展变化趋势。所以，经济信息存在于经济活动的全过程。经济信息主要来自两方面。

（一）企业内部

来自畜牧业企业管理部门的各种决策、计划、调整以及营销等方面的经济信息；来自本企业经济活动中的会计、统计、业务核算的原始记录、报表、总结以及资金、供应、库存等方面的经济信息；来自生产活动中的各生产单位的记录、定额、规章、标准、生产调度、原材料等方面的经济信息；来自畜牧业技术人员如技术水平、新技术的采用、新产品开发等技术方面的经济信息。

（二）企业外部

来自政府部门的经济信息，主要有党和政府下达的方针、政策、法律、法规等；来自国外的经济信息，主要有报告、调查、汇报、书刊资料、专业情报等；来自市场方面的经济信息，主要是产品销售竞争、供需变化等情况；来自同级管理部门的经济信息，主要是参观、访问、学习、经验交流等；来自各种信息机构的经济信息，如发展中心、商业部门、咨询机构等发出的各种信息。

二、经营预测

（一）经营预测的概念

所谓预测就是人们利用已掌握的信息和手段，推测和判断事物的未来或未知状况。预测由 5 个要素组成：预测者、预测依据、预测方法、预测对象和预测结果，也就是人、信息、手段、事物未来或未知状况和推知与判断。

所谓经营预测，就是利用市场调查的各种信息资料，运用科学的方法，分析、估计、判断市场需求的未来发展趋势。畜牧业商品生产的目的在于把产品销售出去，实现产品的价值。因而，就需要知道市场上需要什么商品，需要多少，什么时间需要，会有什么变化等。所以，搞好经营预测是十分必要的。

（二）经营预测的主要内容

市场预测的内容十分广泛，涉及经营活动的全过程及其各个方面。对一个企业来说，主要是对市场需求情况的预测，可概括为以下主要内容。

（1）生产预测 即对各类商品的生产能力、生产技术、生产布局、生产发展前景以及自然资源、能源、交通运输的保证程度、利用情况和发展变化趋势的预测。

（2）市场预测　是对产品市场趋势的预测，包括市场需求及其结构变化趋势预测，畜产品供给总量及其结构变化趋势预测，价格变动趋势预测等。

（3）对科技发展和新产品开发进行预测　对科技发展的趋势、方向，可能出现哪些成果，可能开发出哪些新产品及其推广范围和应用效果的预测。

（4）对竞争态势的预测　企业要在竞争中立于不败之地，就要对国内外同行业及同类产品竞争的态势进行预测，以便掌握竞争的形势，采取应变措施，在竞争中战胜对手，不断发展壮大自己的企业。

（5）经营成果的预测　即对企业总收入、收入构成、成本、劳动生产率、人均收入水平以及总收入和利润增长趋势和影响因素的预测。

三、经营决策

（一）经营决策的概念

所谓经营决策就是企业为了实现总体发展和各种经营活动的目标，在市场调查和市场预测基础上，运用科学的理论和方法，设计出多个备选方案，从中选择一个合理而又满意的方案，作为企业行动纲领的活动过程。简言之，经营决策就是选择。

经营决策的过程，实质上就是畜牧业企业的生产经营的外部环境、内部条件和经营目标三位一体的动态平衡深化过程。

（二）经营决策的内容

经营决策是企业经营管理的中心工作之一，其内容包括了企业的全部经营活动，从畜牧企业的经营管理来看，所涉及的具体内容主要包括以下几个方面。

（1）经营模式战略与经营方针决策　包括企业中长期的经营目标、经营原则、发展方向、生产结构、新产品研制、新市场开发、人才开发、远景规划等的决策，一般由企业高层领导完成。

（2）生产决策　包括产品组合决策、技术选择决策、生产方案决策、资源开发与利用决策、成本与价格决策等。

（3）营销决策　包括市场细分、目标定位、营销组合、分销渠道、促销策略等决策。

（4）财务决策　包括企业资金来源与占用，筹资时机、方法、规模、投资的运用，收益与分配的决策。

（5）组织和人事决策　包括经营管理机构的设置、领导体制、各种规章制度、管理人员的培训、考核、任务决策等。

（三）经营决策的步骤

一般来说，经营决策工作主要包括以下5步。

（1）提出问题　所谓问题，指的是现有状态和期望状态的差距和矛盾。在畜牧业生产和经营过程中，时刻关注着市场动态，研究畜牧业产品的营销和生产状况，对照经营目标和市场需求，发现问题，及时提交决策机关。决策机关依据得到的信息，组织调查，找出差距，分析原因，确定性质、研究特点，统一认识，准确地把握问题，正确地作出决策。

（2）确定决策目标　即根据所要解决的实质问题确定的目标，这是决策过程中关键的一步。决策目标应做到先进、可行与合理。所谓先进，就是实施措施要被群众接受，实施条件具备，有物质等方面的保证。所谓合理，就是经济上有利，可以满足社会的需要。决策目标，必须方便执行和对照检查。为此应该做到；概念明确，选词恰当，避免含糊其辞，一个目标只能有一个含义，各个目标主次分明，达到的目标和希望目标一目了然，目标的时间和空间范围明确，实现目标的前提条件具体。

（3）拟定多种备选方案　备选方案就是供选择用的可行方案，拟定一定数量的备选方案是十分必要的。

拟定备选方案要尽量做到整体上越详尽越好，所有可行方案的优点包括无遗，各备选方案之间应有原则性区别，各自相互排斥，执行甲方案，就不能执行乙方案。

在设想过程中，设想者应从不同角度、不同途径，设计出多种可行方案，进行对比分析，从中筛选出几个备选方案，再进行严格的论证和具体计算，预算出实施结果，为评价选优提供依据。

（4）评价与选优　就是对筛选出来的几个可行备选方案，对照决策目标的具体要求，权衡利弊条件，选出接近决策目标的方案，进行补充修改，力争完美无缺，最后确定为决策方案。

（5）决策方案的实施与反馈　决策的目的在于解决生产经营活动中的问题，实现决策目标。同时，因影响决策的因素不断变化，决策方案在实施过程中会出现这样或那样的情况，因而，必须注意信息反馈，随时修改补充原方案的不足，保证决策目标的最终实现。由此可见，决策的过程，实际上是一个决策—执行—再决策—再执行的过程。

第二节　搞好市场营销

市场经济是买方市场，养鸡要获得较高的经济效益就必须研究市场、分析市场，搞好市场营销。

一、以信息为导向，迅速抢占市场

在商品经济日益发展的今天，市场需求瞬息万变，企业必须及时准确地捕捉信息，迅速采取措施，适应市场变化，以需定产，有需必供。同时，根据不同地区的市场需求差别，找准销售市场。

二、树立"品牌"意识，扩大销售市场

养鸡业的产品都是鲜活商品，有些产品如种蛋、种雏等还直接影响购买者的再生产，因此这些产品必须禁得住市场的考验。经营者必须树立"品牌"意识，生产优质的产品，树立良好的商品形象，创造自己的名牌，把自己的产品变成活的广告，提高产品的市场占有率。

三、实行产供加销一体化经营

随着养鸡业的迅猛发展，单位产品利润越来越低，实行产、供、加、销一体化经营，可以减少各环节的层层盘剥。但一体化经营对技术、设备、管理、资金等方面的要求很高，可以通过企业联手或共建养鸡"合作社"等形式组成联合"舰队"，以形成群体规模。

四、签订经济合同

在双方互惠互利的前提下，签订经济合同，正常履行合同。一方面可以保证生产的有序进行，另一方面又能保证销售计划的实施。特别是对一些特殊商品（如种雏），签订经济合同显得尤为重要，因为离开特定时间，其价值将消失，甚至成为企业的负担。

第三节　鸡场效益分析

一、鸡场经济效益分析的方法

经济效益分析是对生产经营活动中已取得的经济效益进行事后的评价。一是分析在计划完成过程中，是否以较少的资金占用和生产耗费，取得较多的生产成果；二是分析各项技术组织措施和管理方案的实际成果，以便发现问题，查明原因，提出切实可行的改进措施和实施方案。经济效益分析法一般有对比分析法、因素分析法、结构分析法等，养鸡场常用的方法是对比分析法。

对比分析法又叫比较分析法，它是把同种性质的两种或两种以上的经济指标进行对比，找出差距，并分析产生差距的原因，进而研究改进的措施。比较时可利用以下方法。

①可以采用绝对数、相对数或平均数，将实际指标与计划指标相比较，以检查计划执行情况，评价计划的优劣，分析其原因，为制订下期计划提供依据。

②可以将实际指标与上期指标相比较，找出发展变化的规律，指导以后的工作。

③可以将实际指标与条件相同的经济效益最好的鸡场相比较，来反映在同等条件下所形成的各种不同经济效果及其原因，找出差距，总结经验教训，以不断改进和提高自身的经营管理水平。

采用比较分析法时，必须注意进行比较的指标要有可比性，即比较时各类经济指标在计算方法、计算标准、计算时间上必须保持一致。

二、养鸡场经济效益分析的内容

生产经营活动的每个环节都影响着养鸡场的经济效益，其中产品的产量、鸡群工作质量、成本、利润、饲料消耗和职工劳动生产率的影响尤为重要。下面就以上因素进行鸡场经济效益的分析。

（一）产品产量（值）分析

（1）计划完成情况分析　用产品的实际产量（值）计划完成情况，对养鸡场的生产经营总状况作概括评价及原因分析。

（2）产品产量（值）增长动态分析　通过对比历年历期产量（值）增长动态，查明是否发挥自身优势，是否合理利用资源，进而找出增产增收的途径。

（二）鸡群工作质量分析

鸡群工作质量是评价养鸡场生产技术、饲养管理水平、职工劳动质量的重要依据。鸡群工作质量分析主要依据鸡的生活力、产蛋力、繁殖力和饲料报酬等指标的计算、比较来进行。

（三）成本分析

产品成本直接影响着养鸡场的经济效益。进行成本分析，可弄清各个成本项目的增减及其变化情况，找出引起变化的原因，寻求降低成本的具体途径。分析时应对成本数据加以检查核实，严格划清各种成本费用界限，统一计算口径，以确保成本资料的准确性和可比性。

（1）成本项目增减及变化分析　根据实际生产报表资料，与本年计划指标或先进的鸡场比较，检查总成本、单位产品成本的升降，分析构成成本的项目增减情况和各项目的变化情况，找出差距，查明原因。如成本项目增加了，要分析该项目为什么增加，有没有增加的必要；某项目成本数量变大了，要分析费用支出增加的原因，是管理的因素，还是市场因素等。

（2）成本结构分析 分析各生产成本构成项目占总成本的比例，并找出各阶段的成本结构。成本构成中饲料是一大项支出，而该项支出最直接地用于生产产品，它占生产成本比例的高低直接影响着养鸡场的经济效益。对相同条件的鸡场，饲料支出占生产总成本的比例越高，鸡场的经济效益就越好。不同条件的鸡场，其饲料支出占生产总成本的比例对经济效益的影响不具有可比性。如家庭养鸡，各项投资少，其主要开支就是饲料；而种鸡场，由于引种费用高，设备、人工、技术投入比例大，饲料费用占的比率就低。

（四）利润分析

利润是经济效益的直接体现，任何一个企业只有获得利润，才能生存和发展。养鸡场利润分析包括以下指标：

（1）利润总额

利润总额＝销售收入－生产成本－销售费用－税金±营业外收支净额

营业外收支是指与鸡场生产经营无直接关系的收入或支出。如果营业外收入大于营业外支出，则收支相抵后的净额为正数，可以增加鸡场利润；如果营业外收入小于营业外支出，则收支相抵后的净额为负数，鸡场的利润就减少。

（2）利润率 由于各个鸡场生产规模、经营方向不同，利润额在不同鸡场之间不具有可比性，只有反映利润水平的利润率，才具有可比性。利润率一般有下列表示法：

产值利润率年利润总额年总产值×100%

成本利润率（%）＝年利润总额年总成本额×100

产值利润率（％）＝年利润总额年流动资金额＋年固定资金平均总值×100

鸡场赢利的最终指标应以资金利润率作为主要指标，因为资金利润率不仅能反映鸡场的投资状况，而且能反映资金的周转情况。资金在周转中才能获得利润，资金周转越快，周转次数越多，鸡场的获利就越大。

（五）饲料消耗分析

从鸡场经济效益的角度上分析饲料消耗，应从饲料消耗定额、饲料利用率和饲料日粮 3 个方面进行。先根据生产报表统计各类鸡群在一定时期内的实际耗料量，然后同各自的消耗定额对比，分析饲料在加工、运输、贮藏、保管、饲喂等环节上造成的浪费情况及原因。此时还要分析在不同饲养阶段饲料的转化率，即饲料报酬。生产单位产品耗用的饲料愈少，说明饲料报酬愈高，经济效益愈好。

对日粮除了从饲料的营养成分、饲料转化率上分析外，还应从经济上分析，即从饲料报酬和饲料成本上分析，以寻找成本低、报酬高、增重快的日粮配方、饲喂方法，最终达到以同等的饲料消耗，取得最佳经济效益的目的。

（六）劳动生产率分析

劳动生产率反映着劳动者的劳动成果与劳动消耗量之间的对比关系。常用以下形式表示。

①全员劳动生产率指养禽场每一个成员在一定时期内生产的平均产值。

合员劳动生产率＝年总产值职工年平均人数

②生产人员劳动生产率指每一个生产人员在一定时期内生产的平均产值。

生产人员劳动生产率 = 年总产值生产工人年平均人数

③每工作日（天）产量用于直接生产的每个工作日（天）所生产的某种产品的平均产量。

每工作日（天）产量 = 某种产品的产量直接生产所用工日（天）数

以上指标表明，分析劳动生产率，一是要分析生产人员和非生产人员的比例，二是要分析生产单位产品的有效时间。

第四节　提高鸡场经济效益的措施

一、科学的决策

在广泛市场调查的基础上，分析各种经济信息，结合鸡场内部条件（如资金、技术、劳动力等），作出经营方向、生产规模、饲养方式、生产安排等方面的决策，以充分挖掘内部潜力，合理使用资金和劳力，提高劳动生产率，最终实现经济效益的提高。正确的经营决策可收到较高的经济效益，错误的经营决策就能导致重大经济损失甚至破产。如生产规模决策，规模大，能形成高的规模效益，但过大，就可能超出自己的管理能力，超出自己的资金、设备等的承受能力，顾此失彼，得不偿失；过小，则不利于现代设备和技术的利用，形不成规模，难以得到大的收益。

二、提高产品产量

提高产品产量是企业获利的关键。养鸡场提高产品产量要做好以下几方面的工作。

（一）饲养优良鸡种

品种是影响养鸡生产的第一因素。不同品种的鸡生产方向、生产潜力不同。在确定品种时必须根据本场的实际情况，选择适合自己饲养条件、技术水平和饲料条件的品种。

（二）提供优质的饲料

应按鸡的品种、生长或生产各阶段对营养物质的需求，供给全价、优质的饲料，以保证鸡的生产潜力充分发挥。同时也要根据环境条件、鸡群状况变化，及时调整日粮。

（三）科学的饲养管理

①创设适宜的环境条件。科学、细致、规律地为各类鸡群提供适宜的温度、空气、光照和卫生条件，减少噪声、尘埃及各种不良气体的刺激。对凡是能引起及有碍鸡群健康生长、生产的各种"应激"，都应力求避免和减轻至最低限度。

②采取合理的饲养方式。要根据自己的具体条件为不同生产用途的鸡选择不同的饲养方式，以易于管理，有利于防疫。同时饲养方式要接近鸡的生活习性，以有利于鸡的生产性能的表现。

③采用先进的饲养技术。品种是根本，技术是关键。要及时采用先进、适用的饲养技术，抓好各类鸡群不同阶段的饲养管理，不能只凭经验，要紧紧跟上养鸡业技术发展的步伐。

（四）适时更新鸡群

母鸡第一个产蛋年产量最高，以后每年递减鸡场可以根据鸡源、料蛋比、蛋价等决定适宜的淘汰时机，淘汰时机可以根据"产蛋率盈亏临界点"确定。同时，适时更新鸡群，还能加快鸡群周转，加快资产周转速度，提高资产利用率。

（五）重视防疫工作

养鸡者往往重视突然的疫病，而不重视平时的防疫工作，造成死淘率上升，产品合格率下降，从而降低了产品产量、质量，增加了生产成本。因此，鸡场必须制定科学的免疫程序，严格执行防疫制度，不断降低鸡只死淘率，提高鸡群的健康水平。

三、降低生产成本

增加产出、降低投入是企业经营管理永恒的主题。养鸡场要获取最佳经济效益，就必须在保证增产的前提下，尽可能减少消耗，节约费用，降低单位产品的成本。其主要途径如下。

（1）降低饲料成本　从养鸡场的成本构成来看，饲料费用占生产总成本的70%左右，因此通过降低饲料费用来减少成本的潜力最大。

（2）减少燃料动力费　合理使用设备，减少空转时间，节约能源，降低消耗。

（3）正确使用药物　对鸡群投药要及时、准确。在疫病防治中，能进行药敏实验的要尽量开展，能不用药的尽量不用，对无饲养价值的鸡要及时淘汰，不再用药治疗。

（4）降低更新鸡的培育费

（5）合理利用鸡粪　鸡粪量大约相当于鸡精料消耗量的75%左右，鸡粪含丰富的营养物质，可替代部分精料喂猪、养鱼，也可干燥处理后做牛、羊饲料，增加鸡场收入。

（6）提高设备利用率　充分合理利用各类鸡舍、各种机器和其他设备，减少单位产品的折旧费和其他固定支出。

（7）提高全员劳动生产率　全员劳动生产率反映的是劳动消耗与产值间的比率。全员劳动生产率提高，不仅能使鸡场产值增加，也能使单位产品的成本降低。

参考文献

1. 何茹．养鸡与防病．天津：天津科学技术出版社．2014.

2.《新疆农机科普"最后一公里"丛书》编写委员．养鸡机械化技术．北京：中国农业出版社．2014.

3. 周建强，潘琦．科学养鸡大全．合肥：安徽科学技术出版社，2014.

4. 张蕾，夏风竹．高效养鸡技术．石家庄：河北科学技术出版社，2014.

5. 杨守湖．养鸡实践经验集．北京：中国农业出版社，2014.